计算机前沿技术丛书

ASP.NET Core 5.0

开发入门与实战

韩冬　张安忠　碌云　王泽威 / 著

U0126941

机械工业出版社
CHINA MACHINE PRESS

这是一本从实战角度出发，分析讲解 ASP. NET Core 基本原理和实现方式，以求帮助广大读者能够快速掌握 ASP. NET Core 在企业级多端调用以及多平台部署的实践指导书。作者是 . NET 领域的布道者和技术专家，并多次荣获微软 MVP 称号。

本书以 ASP. NET Core 5.0 进行分析，不仅讲解了核心原理和理论知识，还通过实战案例的方式，进一步拓展 ASP. NET Core 在企业中的应用。更重要的是，本书所有代码均已开源，读者可以在对应下载资源中找到源码地址，进行下载和学习。此外，本书涉及的知识点，多以独立章节用实际案例的形式专门进行落地指导，相互之间不受影响，而从业务上又承上启下，读者可以根据自己的需要重点学习某一章节。

本书是一本项目开发案例方面的参考书，适合有基本编程知识，但还没有项目开发经验的软件开发初学者使用，尤其适合高校学生进行毕业设计、课题设计时作为参考。

图书在版编目（CIP）数据

ASP. NET Core 5.0 开发入门与实战/韩冬等著 . —北京：机械工业出版社，2021.10（2022.3 重印）

（计算机前沿技术丛书）

ISBN 978-7-111-69682-7

Ⅰ. ①A… Ⅱ. ①韩… Ⅲ. ①网页制作工具 – 程序设计 Ⅳ. ①TP393.092.2

中国版本图书馆 CIP 数据核字（2021）第 244373 号

机械工业出版社（北京市百万庄大街 22 号　邮政编码 100037）

策划编辑：杨　源　责任编辑：杨　源
责任校对：张艳霞　责任印制：郜　敏
北京汇林印务有限公司印刷
2022 年 3 月第 1 版第 2 次印刷
184mm×260mm · 17 印张 · 399 千字
标准书号：ISBN 978-7-111-69682-7
定价：99.00 元

电话服务　　　　　　网络服务
客服电话：010-88361066　机 工 官 网：www.cmpbook.com
　　　　　010-88379833　机 工 官 博：weibo.com/cmp1952
　　　　　010-68326294　金 书 网：www.golden-book.com
封底无防伪标均为盗版　机工教育服务网：www.cmpedu.com

前　言
PREFACE

经过多年的发展，.NET Core 的功能已经趋于稳定和完善，它为 .NET 开发人员提供了极其方便的项目框架和功能集成，特别是在跨平台领域，得到了越来越多开发者的喜爱，而无缝对接分布式中间件和容器化，则极大提升了开发人员的工作效率。不仅如此，ASP.NET Core 又极其简单，容易上手，只要有一定的 .NET Framework 开发基础，都能够简单地将自己现有的项目升级到 ASP.NET Core 上去，减少了企业的运营成本。

自从 2016 年正式问世以来，.NET Core 以高性能、免费开源和跨平台为主要目标，实现了一次完美的飞跃，吸引了越来越多的初学者、.NET 开发者，以及其他平台语言开发者。通过学习和研究，他们都可以将自己工作中的项目逐一迁移到 .NET Core 上来。

本书作者从 2018 年正式开始布道，并负责部门内项目的升级，从 ASP.NET Core 2.0 到 3.0，再到现在的 5.0。高效、简单、易上手，是部门组员在升级的过程中，经常提到的三个词语。不仅如此，作者还在 2019 年正式开源基于 ASP.NET Core 开发的权限认证系统——Blog.Core，它小巧灵便、功能齐备，曾被网友们赞为 ".NET Core 版的 Spring Boot"，而本书的讲解和案例项目，正是基于 Blog.Core 的归纳和概括。

作为一名软件开发人员，理论知识是很重要的，但是一套合适的实战方案教程，对于初学者来说更加重要。倘若一直看理论内容，难免会有些枯燥和不得其法，本书就是在理论的基础上，讲解如何在一个全新的项目中，一点点完善和迭代，最终完成一个可真正用于企业的解决方案。但是作者也有些担心，害怕到最后会出现理论没有讲清楚，实战也没有讲明白的尴尬境地。虽然作者写文章已经有三年多时间了，但是写书还是第一次，如果中间有叙述不周或者疏漏的地方，希望读者可以不吝赐教，下文会有勘误地址和交流群，供读者发表意见和建议。

技术总是在更迭中，但核心的逻辑是永远不会有太大变化的，希望读者在阅读本书的时候，可以举一反三，也尽量尝试通过查看源码的形式，进一步理解 ASP.NET Core，这对未来的学习和工作会大有裨益。本书有配套教学视频，目的就是让读者快速掌握知识，并应用到工作中去。读者可以直接将本书的配套案例经过二次开发变成自己的项目，也算是一种福利吧，我们也会进行视频直播并建立读者社区，相信有了社区等辅助力量，读者肯定进步更快。

读者对象

- 有一定 . NET Framework 编程经验的使用者；
- ASP. NET Core 的 Web 爱好者；
- 对前后端分离开发模式感兴趣的开发者；
- 其他后端语言的软件工程师；
- 开设 ASP. NET Core 相关课程的院校师生。

系统需求

本书中包含实战项目，希望每位读者都能够亲自动手练习，要完成书中的练习，需要配置以下最基本的硬件和软件：

- Windows 8 及以上；
- macOS 10 及以上；
- Linux 系统，比如 CentOS 或 Ubuntu；
- Visual Studio 2019 16. 8 及以上；
- Visual Studio Code；
- SQL Server 2012 及以上。

书中的示例项目对应的是 Windows 10、Visual Studio 2019 17. 0、VS Code、SQL Server 2012。

本书的结构

本书主要分成以下 4 个部分。

第一部分（第 1 章 ~ 第 2 章）介绍 ASP. NET Core 的发展历史和基本情况，然后详细讲解环境配置，并搭建了一个简单的官方示例项目，重点分析了每个文件所对应的内容和意义。

第二部分（第 3 章 ~ 第 7 章）重点介绍了平时开发中用到的中间件和相关组件，每章一个知识点，相互之间不受影响，但又存在过渡关系。 比如接口文档、授权认证、数据库连接 ORM、泛型仓储模式、依赖注入容器等，实现了项目从 0 到 1 的搭建过程，为构建一个完整的管理系统做好准备。

第三部分（第 8 章 ~ 第 11 章）正式进入实战部分，设计项目后端接口部分的业务逻辑，集成单元测试和功能测试，基于 Windows 和 Linux 多平台的真实部署，并附带日志记录。

第四部分（第 12 章～第 14 章）讲解实战项目的前端部分，包括前端基础环境搭建、Vue 快速入门、示例项目运行。然后配合 ASP. NET Core 接口进行接口联调，并部署展示最终效果。

勘误和支持

本书基于 ASP. NET Core 5.0 和 Vue 3.0 撰写，大多数内容较新，同时在写作过程中，微软官方又进行了几次小版本更新，书中难免会出现一些表达不太明确的地方，恳请读者批评指正。

为了让读者可以更好地指出本书的问题和建议咨询，作者特地创建了一个站点（https:// github. com/SpringFarSoft/Book）。读者可以将阅读本书时遇到的问题发布到 Issue 列表中，当然如果有任何其他相关的问题，也可以访问 Q&A 页面，或者 QQ 群（444011511），我们将在线为读者解答。本书中所有的源代码均已开源，读者可以从代码仓库（https://github. com/ SpringFarSoft/SwiftCode. BBS）中获取，当然，代码也会一直得到更新维护。如果读者有任何与项目相关的问题，也可以提出来，共同讨论。

致　谢

感谢参与本书审校的亓梁、崔钰玺、卢汝东、雅琳，他们不计任何报酬，完全是出于对本书的认可和对微软技术的喜爱。在审校的过程中，他们不厌其烦地提出了自己的理解和反馈，正是因为他们的乐于奉献，才使得本书的内容更加完善。

此外，感谢每一个为社区做贡献的朋友，正是因为他们的默默付出和无私奉献，才能给作者带来无限的灵感。

感谢参与本书勘误的人员，他们的 Github ID 分别为：ShuaiQiXiaoZhang、jhb0730、hus-tzhxy、leo06221218、chintsan-code、wuming123057。

最后，感谢参与本书编写的小伙伴们，我们曾经一起为一件事而奋斗过，努力过，并留下了难忘的回忆！

张安忠

第13章 Vue 入门 / 199
CHAPTER.13

第14章 实战：博客站点 / 216
CHAPTER.14

项目介绍

感谢每一位读者肯花费时间来阅读本书，在微软 .NET Core 技术不断发展的今天，相关的技术栈已经相当成熟，无论是基础的 Web 服务，还是分布式微服务，或是云原生，.NET Core 已然成为一个热门的话题。

本书从基础内容出发，结合市场流行的前后端分离架构模式，通过三个实战项目给每一位读者一次完整的实战体验。

1.1 ASP. NET Core 发展史

首先，在讨论 ASP. NET Core 之前，先说一下另一个基本概念，那就是平台和框架是什么意思？相信本书的读者，大部分都是与计算机相关的从业人员，不论是产品经理，还是软件工程师，或是系统架构师，对于我们来说，"平台（Platform）"是一个每天都会说到的词语，在不同的地方它具有不同的含义，在软件领域中，它可以指代操作系统环境和 CPU 架构类型，也可以表示硬件设备类型，当然还有复杂的云服务平台。

1.1.1 站在巨人的肩膀上

那么到底什么是 ASP. NET Core 呢？来看一下官方的概念：

ASP. NET Core 是一个跨平台的高性能开源框架，用于生成启用云且连接 Internet 的新式应用。使用 ASP. NET Core，可以生成 Web 应用和服务、物联网（IoT）应用和移动后端。在 Windows、macOS 和 Linux 上使用喜爱的开发工具，部署到云或本地。

如果要详细讨论 .NET Core，就肯定离不开 .NET Framework 这个框架。自从 2000 年开始，经过多年的苦心经营，微软已经在 Windows 平台下构建了一个完整的支持多种设备的 .NET 生态系统。

微软在 2002 年推出了第一个版本的 .NET Framework，这是一个主要面向 Windows 桌面端（Windows Forms）和服务端（ASP. NET Web Forms）的基础框架。在此之后，PC 的霸主地位不断受到其他设备的挑战，为此微软根据设备自身的需求对 .NET Framework 做了相应的简化和改变，不断推出了针对具体设备类型的 .NET Framework，主流的包括 Windows Phone、Windows Store、Silverlight 和 .NET Micro Framework 等，它们分别对移动、平板和嵌入式设备提供支持。

与此同时，通过借助于 Mono 和 Xamarin，.NET 已经可以被成功移植到包括 macOS X、Linux、iOS、Android 和 FreeBSD 等非 Windows 平台。但是设备运行环境的差异性导致了针对它们的应用不能构建在一个统一的 .NET Framework 平台上，所以微软采用独立的 .NET Framework 平台来对它们提供针对性的支持。

由于这些不同的 .NET Framework 分支是完全独立的，这使我们很难开发一个支持多种设备的 "可移植（Portable）" 应用。微软目前发布的最新 .NET Framework 版本为 4.7，作为整个 .NET 平台的基础框架，.NET Framework 在不断升级的过程中，使自己变得更加强大和完备，但是在另一方面也使自己变得越来越臃肿。随着版本的不断升级，构成 .NET Framework 的应用模型、BCL 和运行时（CLR）都在不断膨胀。

就这样，因为自身的一些束缚和限制，想要做一些快速的迭代和更新，就变成了一件不是很容易的事，它就像一座大山，挡在了微软快速发展的高速路上。与此同时，随着整个互联网行业的分布式与跨平台的呼声愈发强烈，除了框架自身越来越臃肿之外，如何实现从强依赖 Windows 系统，到可以任意平台运行，这也是摆在微软面前的另一座大山。

从本质上讲，按照 CLI 规范设计的 .NET Framework 从其诞生的那一刻开始就具有一定的跨平台基因。由于采用了统一的中间语言，微软只需要针对不同的平台设计不同的虚拟机（运行时），就能弥合不同操作系统与处理器架构之间的差异，但是做起来并不是一帆风顺的。在过去十多年中，微软将 .NET 引入到了各个不同的应用领域，表面上看起来似乎欣欣向荣，但是由于采用完全独立的多目标框架的设计思路，导致针对多目标框架的代码平台只能通过 PCL 这种 "妥协" 的方式来解决。如果依然按照这条道路走下去，.NET 的触角延伸得越广，枷锁将越来越多。

所以 .NET 已经到了不得不做出彻底改变的时候了，当然，微软并不是从 0 开始，.NET Framework 这个巨人，为微软能做一个可以跨平台并能快速迭代的新框架，提供了巨大的帮助。

▶▶ 1.1.2　将开源进行到底

上边我们重点说到了轻量级快速迭代和跨平台两大新特性，要真正实现 .NET 的跨平台目标，主要需要解决两个问题，一是针对不同的平台设计相应的运行时，为中间语言 CIL 提供一个一致性的执行环境，二是提供统一的 BCL 以彻底解决代码复用的难题。对于真正跨平台的 .NET Core 来说，微软不仅为它设计了针对不同平台被称为 CoreCLR 的运行时，同时还重新设计了一套被称为 CoreFX 的 BCL。.NET Core 目前支持的 AppModel 主要有两种，其中 ASP.NET Core 用于开发服务器 Web 应用和服务，而 UWP（Universal Windows Platform）则用于开发能够在各种客户端设备上运行的通用应用平台。迁移的过程是很复杂的，本书主要偏重于实战，这里不再做过多的讨论和讲解。

微软为了实现自己的跨平台战略，经过架构师们夜以继日的努力，终于在 2016 年，将 .NET

Framework 提取出了.NET Core 版本，同年发布了 1.0 版本，并在 GitHub 上正式开源，在 GitHub 上的地址是 https：//github. com/dotnet/core。与此同时，发布了 ASP. NET Core RTM 版，正式版发布于 2017 年。

从此.NET Core 带着它的"小伙伴"EF Core 和 ASP. NET Core 一路高歌猛进，然后发展成了如今的现状。

截至目前.NET 5.0 正式发布，一共包含 9 个大版本的发布时间和主要核心产品特征，从.NET Core 1.0 到.NET 5.0，作者都参与其中。不过.NET Core 是从 2.0 以后才正式走向了成熟，作者核心的多个开源项目，也都是基于.NET Core 2.0 进行迭代的。到目前为止，.NET Core 的 9 大核心版本如表 1-1 所示。

表 1-1 .NET Core 发展版本特征表

版　本	发　布　日　期	关键特征/产品
.NET Core	2014 年 11 月	开放.NET Core 源代码
.NET Core 1.0	2016 年 6 月 27 日	Visual Studio 2015 Update 3 支持的.NET Core 的初始版本
.NET Core 1.1.1	2017 年 3 月 7 日	.NET Core Tools 1.0 受 Visual Studio 2017 支持
.NET Core 2.0	2017 年 8 月 14 日	Visual Studio 2017 15.3，ASP.NET Core 2.0，实体框架 2.0
.NET Core 2.1	2018 年 5 月 20 日	ASP.NET Core 2.1，EF Core 2.1
.NET Core 2.2	2018 年 12 月 4 日	ASP.NET Core 2.2，EF Core 2.2
.NET Core 3.0	2019 年 9 月 23 日	通过 Visual Studio 2019（Visual Studio 2019）支持 ASP.NET Core 3.0、EF Core 3.0、UWP、Windows 窗体、WPF
.NET Core 3.1	2019 年 12 月 3 日	Visual Studio 2019 16.4 配套更新，主要更新在 Blazor 和 Windows Desktop 上
.NET 5.0	2020 年 11 月 10 日	Visual Studio 2019 16.8 配套更新，主要在性能上做优化，并与 Fwk 结合

微软在开源的道路上一直是态度坚决且认真的，自从.NET Core 3.0 核心组件完善以后，.NET Core 项目已经基本完成，但是却依然保持着快速更新迭代的步伐，从微软这几年的迭代路线来看，以后每年都会发布一个大版本，核心版本则为长期支持（LTS）版本。如图 1-1 所示。

● 图 1-1 .NET Core 的迭代路线

.Net Core 可以用来开发各种不同的应用程序，例如移动端、桌面端、Web、Cloud、IoT、机器学习、微服务、游戏开发等。.Net Core 是从头到尾重新开发的一个模块化、轻量级、快速的、跨平台框架。它包含了运行一个.NET Core 基本程序所必需的核心特性。其他特性，例如 NuGet 包，可以根据需要添加到应用程序中，所以.Net Core 启动快，占用内存少，并且易于维护，当然还有其他的优点。

（1）开源的框架：.NET Core 是一个开源的框架，由微软维护，此外.NET Core 是一个.NET

基金会项目。

（2）跨平台：.Net Core 可以运行在 Windows、macOS 以及 Linux 操作系统上，对于每个操作系统有不同的.Net Core 运行时，执行代码，生成相同的输出，操作十分简单。

（3）一致的架构：在不同的指令集架构中，以相同的行为执行代码，包括 x64、x86 以及 ARM。

（4）支持广泛领域的应用：各种不同类型的应用程序，都能被开发并且运行在.NET Core 任意平台上。

（5）支持多个语言：可以使用 C#、F#，以及 Visual Basic 编程语言来开发.NET Core 应用程序。可以使用自己喜欢的开发工具（IDE），如 Visual Studio、Visual Studio Code、Sublime Text、Vim 等。

（6）模块化的结构：.Net Core 通过使用 NuGet 包管理，支持模块化开发。有各种不同的 NuGet 包，可以根据需要添加到项目中，甚至.NET Core 类库也是以包管理的形式提供的。.NET Core 应用程序默认的包就是 Microsoft.NET Core.App，其模块化的结构，减少了内存的占用，提升了性能，并且更易于维护。

（7）CLI 工具：.Net Core 包含 CLI（Command-line interface）工具用于开发和持续集成。

（8）更灵活的部署：.Net Core 应用程序可以部署在用户范围内、系统范围内、Docker 容器中。

（9）兼容性：.NET Core 通过使用.NET 标准，可以兼容.NET Framework 以及 Mono 的部分 API，特别是.NET 5.0 正式推出以来，实现了大一统的战略目标。

说到一个框架的优劣标准，有两大核心的标准，一是社区的活跃度，在国内很多省市都会有一个当地的.Net 俱乐部，定期举办一些活动，比如讲座或者比赛，每个俱乐部都在如火如荼地开展着，同时微软每年都会有一个开发者 Conf 大会，这里是技术的盛宴，集结了国内外的.NET 开发人员和爱好者，从这么多的活动和组织来看，其活跃度可见一斑。

另一个标准就是开源框架自身的性能问题，目前关于框架性能检测的平台有很多，最广泛的就是 TechEmpower 了，他们会定期对全球的 Web 框架，从 JSON 序列号，数据并发与大数据处理等多方面进行评分，地址是 http://www.techempower.com/benchmarks/，我们可以通过这个 Web 框架性能测试来看看 ASP.NET Core 的性能到底如何。

为了更有说服力，作者勾选了目前全球主流的平台、语言进行对比，如图 1-2 所示。

目前采用的是 Round 20（2021-02-08），即第二十轮的数据标准，结果如图 1-3 所示。

在.NET 相关框架大版本发布时，每次都有关于性能提升的报告。ASP.NET Core 的性能与 Go 的 Web 框架旗鼓相当。如图 1-4 所示。

整体效果还是特别明显的，如果对主流的框架进行筛选，.NET Core 排名肯定会更高。

在以前，每次说到微软，都会提到微软闭源的诟病，从.NET Core 正式公布那一刻，.NET 就走向了开源的道路，项目代码采用 MIT 许可协议。与此同时，微软为了推动.NET 开源社区的发展，2014 年联合社区成立了.NET 基金会。基金会的创始成员中，有六位均非微软公司员工，随着微软的收购动作，Miguel 也成了微软员工，Miguel 一直在努力让.NET 基金会独立于微软。

● 图 1-2　目前主流的平台和语言

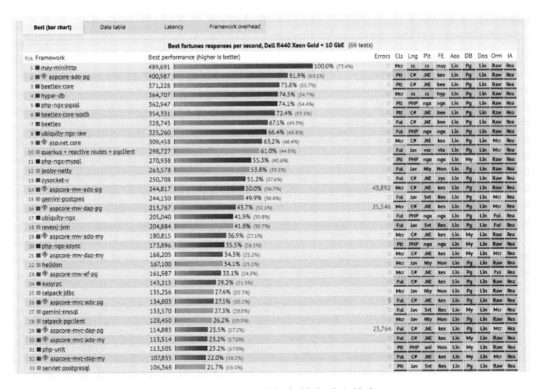

● 图 1-3　主流框架性能对比排序

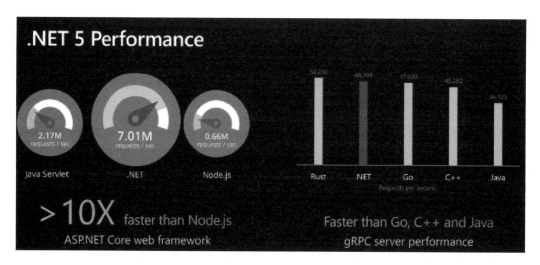

● 图 1-4 .NET 5 与其他框架速度对比

.NET 基金会是一个独立的组织，支持.NET 社区和开源，旨在拓宽和加强.NET 生态系统和社区。这可以通过多种方式完成，包括项目指导，法律和营销帮助，技术和财务支持设置等。2014 年以来已经有众多知名公司加入了.NET 基金会，仅在平台项目中，.NET 平台上有 87% 的贡献者其实不在 Microsoft 工作。在.NET Conf 2019 上，AWS 加入了支持.NET 基金会的.NET 开源生态系统中有越来越多的行业领导者，这些成员包括 Microsoft、Google、Red Hat、JetBrains、Unity、三星、Pivotal、Insight 和 Telerik、AWS 等公司。

直到今天，.NET 已经完成了华丽的蜕变，从一个闭源的、单一平台的.NET Framework 臃肿框架，变成了一个积极开源并大力拓宽生态社区的、跨平台的、轻量级的.NET Core 便捷框架。

▶▶ 1.1.3 .NET 的未来

从 2016 年到 2020 年，.NET Core 已经取得了巨大的进步和发展，被众多的厂商所接受和认可，但是微软的目标不会仅限于此，2020 年 11 月，微软正式发布了.NET 5.0 版本，那么什么是.NET 5 呢？官方是这样解释的：.NET 5 = .NET Core vNext。

.NET Core 是.Net 的未来，而.NET 5 又是.NET Core 的未来发展。

.NET 5 已经融合了三方的技术，正式更名为.NET：单个 SDK，一个 BCL，统一的工具链；单一开源代码库；跨平台原生 UI；投资于云原生；在速度、尺寸、诊断等方面持续改进；选择性合并.NET Framework，mono/xamarin，完全兼容.NET Core 3.1。

在微服务盛行的年代，肯定是一个多语言，多服务，大融合的时代，.NET 已经致力于并实现了这个目标，特别是在容器化、云原生、人工智能等方面有着长足的发展。

截止 2021 年 5 月，全球有超过 500 万的.NET 开发者。2020 年的跨平台.NET Core 活跃开发者数量增长超过 60 万。而这些数据仅来源于 Visual Studio IDE，不包含使用其他 IDE 的开发者。

在 2020 年的 Stack Overflow 开发者年度调查报告中，ASP.NET Core 被评为最受欢迎的开发框架，参考地址 https：//insights.stackoverflow.com/survey/2020#technology-most-loved-dreaded-andwanted-languages-loved。如图 1-5 所示。

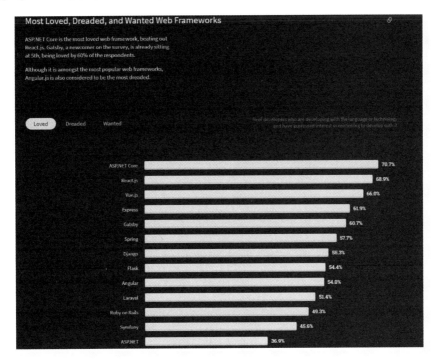

● 图 1-5　2020 年最受欢迎的 Web 框架排名

1.2　项目整体架构介绍

通过前面对 .NET Core 发展的介绍，相信你已经对 .NET Core 有了一定的了解，并产生了浓厚的兴趣，接下来了解一下本书到底能具体讲到些什么。本书由多位具有丰富的 .NET Core 开发经验的工程师和架构师编写，相信肯定会让每个人学有所得。

▶▶ 1.2.1　涉及的知识点

本书是一个理论＋实战的教程，从理论讲解入手，然后以实例进一步升华，全书一共有三个实战项目——一个服务端 .NET 5 项目，两个前端 Vue 项目，其中 Vue 项目的作用是帮助读者更好地理解和掌握 .NET，本书主要涉及的知识点如下。

服务端部分：

（1）采用仓储 + 服务 + 接口的形式封装框架；

（2）异步 async/await 开发；

（3）使用 Swagger 做 API 接口文档；

（4）jwt 授权认证方案；

（5）灵活使用配置与选项；

（6）使用 AutoFac 做依赖注入容器；

（7）使用 EFCore 做数据库 ORM 工具；

（8）项目实例统一采用 Automapper 处理对象映射；

（9）提供 Redis 做缓存处理；

（10）使用 Serilog 日志框架，集成原生 ILogger 接口做日志记录；

（11）设计 4 种 AOP 切面编程，功能涵盖：日志、缓存、审计；

（12）讲解和使用单元测试；

（13）多平台部署讲解；

（14）支持 CORS 跨域。

前端部分：

与 Vue 相关的 ES6 语法、生命周期实例、动态绑定、监听器与计算属性、指令、组件化编程、全局状态管理器等，如图 1-6 所示。

● 图 1-6   项目包含相关技术

▶▶ 1.2.2   需要掌握的必备技能

上面列举的是本书中出现的一些常见知识点，你可能会感觉望而却步，也会被繁杂的知识点吓到，当然并不需要都掌握，可以挑选自己需要的，或者是感兴趣的学习，比如.NET 服务端部分，或者 Vue 前端部分，当然还有与部署相关的知识点，具备一定的编程经验会对你的学习起到很大的帮助，这里简单罗列一些：

（1）数据库基础理论；

（2）C#基础知识，或者其他面向对象的编译型语言也可以；

（3）如果有一定的 .NET Framework 开发基础就更好，这会使你学起来如鱼得水；

（4）HTML、CSS 基础的认识和理解；

（5）Java Script 简单写法；

（6）Linux、Docker 容器化的相关知识，这会对你在本书后半段的高阶学习有很大的帮助；

（7）关于开发前必备的环境和工具，需要提前准备好一个 Windows 10 系统、Visual Studio、VS Code、数据库可以是 SQL Server 或者 MySQL、最后就是一个用来部署的服务器了，建议购买一台 Windows Server 服务器，当然也建议用 Linux 系统，但这不是必需的。

除了拥有一定的学前基础知识以外，还要有认真负责的态度和决心，这是重中之重，因为学习不是一蹴而就的事情。

▶▶ 1.2.3　本书的学习方式

可能上边列举的知识点或者必备技能会对学习本书有一些动摇和影响，完全不用担心！本书全部采用理论 + 实战的方式，每一个章节都是独立的篇章，相互没有直接的联系，但是又承上启下，循序渐进，读者可以从第 2 章环境搭建看起，内容从简单到复杂，但是前边的基础又特别重要，不要走马观花地看完，应该尽量做到掌握每个知识点，至少要做到"了然于胸"。当然如果基础真的很薄弱，也没关系，本书的读者群会提供问题指导，无论是知识点，还是工作中的疑惑，都会对每一位读者负责。

具体到每一篇文章中，作者统一采用的是理论说明 + 代码实例的模式，会对具体的知识点先讲解一遍，从概念到原理，再到使用场景，如果你能看得懂，下边的代码可以是一个很好的巩固和升华，当然，如果理论看得不是很透彻，章节后半部分的代码更是一个加深理论知识理解的好帮手，讲解方式如图 1-7 所示。

3.1 ASP.NET Core中的程序启动入口。

ASP.NET Core 应用程序是在.NET Core 控制台程序下调用特定的库，这是ASP.NET Core应用程序开发的根本变化。所有的ASP.NET托管库都是从 `Program` 开始执行，而不是由IIS托管。也就是说.NET工具链可以同时用于.NET Core控制台应用程序和ASP.NET Core应用程序。

```
public class Program
{
    public static void Main(string[] args)
    {
        CreateHostBuilder(args).Build().Run();
    }
    public static IHostBuilder CreateHostBuilder(string[] args) =>
        Host.CreateDefaultBuilder(args)
            .ConfigureWebHostDefaults(webBuilder =>
            {
                webBuilder.UseStartup<Startup>();
            });
}
```

● 图 1-7　文章主要讲解方式

1.3　学完本书的成果

如果你刚开始编程，本书将在"基于 .NET 5.0 + Vue 前后端分离的 Web 架构"方面，使你了解其中的模式和概念。你将以从无到有、循序渐进的方式,学习构建一个 Web 应用的方法(以及合理组织各模块的方法)。对于在编程方面所需的内容,本书不能事无巨细地涵盖,但可以作为一个起点,引导你了解更高级的内容。

如果你是一个 ASP.NET 开发者,学习本书将如鱼得水。ASP.NET Core 增添了一些新工具和新概念,并复用(及简化)了你用过的那些东西。你会感觉既熟悉又很有趣。

如果你是一个其他语言的开发者,那么肯定会有一些熟悉的概念,使你不会感觉陌生,比如依赖注入、AOP 切面编程、授权与认证、数据库 ORM、Dto 模型、Redis 分布式缓存等。

不论你此前在 Web 编程方面经验如何,本书都会倾囊相授,足够你借助 ASP.NET Core + Vue 创建一个企业级的 Web 应用。你将学习如何通过前后端分离代码实现设计目标,如何与数据库交互,如何部署应用到真实环境。同时也会对工作和求职起到很大的助力。

1.4 小结

学完本章,你会了解到以下知识点:

(1).NET Core 发展历程;

(2)本书所涵盖的知识点;

(3)如何学习本书内容;

(4)学习本书后的成果。

第2章

▶▶▶▶▶▶

环境配置与示例创建

在上一章中，我们讲到了什么是 ASP.NET Core，以及如何去学习它，最后又能从中能得到什么么，本章开始我们正式学习 ASP.NET Core 开发，学习创建第一个简单项目，并了解示例项目的结构。

从本章开始，我们会慢慢进入实战部分，以后每一章节相关代码，都是在上一章的基础上迭代开发的，这样更有连贯性。当然，为了考虑每位读者的需求，本书的所有项目代码都会开源，并且每一章也都有独立的开源项目分支，可以针对自己想要的，去各个分支查看，比如只想看第6章的代码，那就直接切换到第6章的分支即可。

2.1 搭建环境

你现在已经做好准备开始学习第一个项目了吗？先别着急，俗话说，工欲善其事必先利其器，如果想要开发 ASP.NET Core，某些必要的准备还是要有的，首先是你的学习热情，学习任何一门新的技术，都要抱有热情，良好的学习态度是成功的一半；其次，开发环境也是不可缺少的一部分。除了学习的心态以外，另一个最重要的，也是最基础的就是搭建环境。

▶▶ 2.1.1 SDK 的选择与安装

在之前的讲解中，我们说到了 ASP.NET Core 是一个开源的、高性能、跨平台的框架，所以它支持多种平台环境，比如平时个人使用最多的 Windows 或者 mac 系统，此外还有日益受欢迎的 Linux 和 Docker，本书主要以 Windows 10 操作系统作为知识讲解的目标，当然，后期在讲解部署的时候，会说到如何在 Linux 系统和 Docker 容器上进行操作。

既然支持多个平台，肯定需要针对每个平台搭建一个可以运行 ASP.NET Core 项目的环境，我们统一称为 ASP.NET Core 运行时（Runtime）。运行时只是用来帮助我们来运行项目的，假如要进行开发项目，就需要安装另一个组件——ASP.NET Core SDK，它包含了刚刚提到的运行时，以及其他的基础库和用于构建 ASP.NET Core 应用程序的命令行工具（command line tool，也叫作CLI）。SDK 可以安装在 Windows、mac、Linux 上。

了解了运行时和 SDK 的区别后，就开始安装环境吧：安装前说明一下，如果使用 Visual Studio 2019（Visual Studio 2019）作为开发工具，可以不用单独安装.NET 5.0 的 SDK，因为在安装 Visual Studio 2019 的时候，会附带安装 SDK，下一节会详细说明如何安装 Visual Studio 2019，以及组件群，当然，也可以单独安装指定版本的 SDK，比如想单独使用 ASP.NET Core 3.1。

在任意搜索引擎中搜索"下载 ASP.NET Core SDK"，从结果中找到微软官网平台提供的下载页面，获取.NET Core 的 SDK。也可以直接使用作者提供的地址：https：//dotnet.microsoft.com/download。

下载 Windows 平台下的.NET 5.0 SDK x64 安装包，同时也会看到其他平台的安装包（Linux/Mac/Docker），在第 1 章中，已经说过了它们的区别和联系，这里不再赘述，SDK 安装包地址和下载文件，如图 2-1 所示。

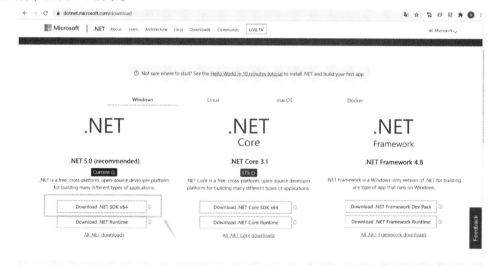

● 图 2-1　.NET 5.0 SDK 下载

安装成功后，开启一个 CMD 终端窗口（或者 Windows 上的 PowerShell），并使用 dotnet 命令行工具，确保一切正常工作：

```
dotnet --version
```

还可以通过"--info"命令，获取所在平台更详细的信息，如图 2-2 所示。

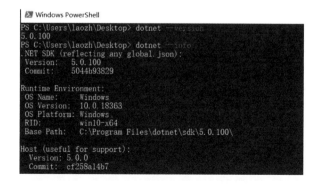

● 图 2-2　dotnet 版本信息

可以看到安装的是.NET 5.0 版本，具体的小版本可能不一致，只要大版本一致即可。基础环境已经搭建完毕,下一步就需要一个趁手的开发工具了。

▶▶ 2.1.2 Visual Studio 2019 的下载与安装

开发工具有很多,可以用 Atom、Sublime、Notepad 或者任何喜欢的编辑器。如果你之前没有使用过其他的,请尝试使用 Visual Studio Code,这是一个免费、跨平台的代码编辑器,对于 C#、JavaScript、HTML 和很多其他语言编程的支持非常丰富。

这里建议使用 Visual Studio(简称 VS),因为本书在讲解 ASP.NET Core 相关内容的时候,统一使用的就是目前最新的版本——Visual Studio 2019,版本在 v16.8 以上。

同样可以在任意搜索引擎平台搜索"下载 Visual Studio 2019",也可以直接使用这个下载链接:https://visualstudio.microsoft.com/。安装过程这里不再过多叙述,要特别强调的是,如何安装必要的组件,选择安装组件群,如图 2-3 所示。

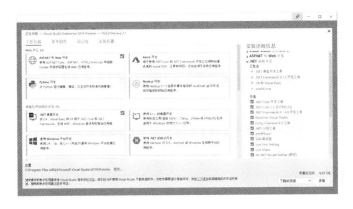

● 图 2-3 Visual Studio 2019 选择安装组件群

这里只勾选 ASP.NET 和 Web 开发、.NET 桌面开发即可,然后单击上边的"单个组件",第一个就是 .NET 5.0 运行时,如图 2-4 所示。

● 图 2-4 Visual Studio 2019 安装 .NET 5.0 组件

大概半小时后安装成功，安装速度取决于你的计算机配置和网络配置，安装完成后，可以看到具体的版本信息，如图 2-5 所示。

● 图 2-5　Visual Studio 2019 版本信息

现在就可以正式开发第一个示例项目了。

2.2　实例——从创建 Hello World 开始

学习一门新的语言，一般都是先从 Hello World 的示例项目开始。而框架学习的基础，就是控制台项目，其实 ASP.NET Core 本质上就是一个控制台项目，下文会详细说明。如果之前有使用 VS 的经验，那么接下来的操作会特别熟悉；如果没有，也没关系，下边的内容特别详细，相信每一位读者都能看明白。

2.2.1　创建 .Net Core 控制台项目

首先，打开刚刚安装好的 Visual Studio 2019，在右侧的功能栏里，单击"创建新项目"，如果创建过了，会在左侧显示"打开最近使用的内容"等字样，如图 2-6 所示。

● 图 2-6　Visual Studio 2019 创建新项目

输入"net core c#"关键字搜索，第一个就是要创建的控制台项目，下边依次还有其他一些项目，这个以后都会逐一说到，如图 2-7 所示。

创建新项目

● 图 2-7　.NET Core 模板搜索

　　单击"下一步"按钮，输入"项目名称"和文件存放的"位置"，然后可以选择是"创建新解决方案"还是"添加到解决方案"。二者的区别是，前者是创建一个新的解决方案，后者是已经存在了一个解决方案，如果单独创建项目，用前者即可。接下来可以自定义解决方案名称，默认和项目名称一致，也可以保持不一致，在下文创建 API 项目的时候，会看到不同的操作。

　　然后单击"创建"按钮，如果选择或填写错误，也可以单击"上一步"按钮，如图 2-8 所示。

● 图 2-8　配置新项目

新项目创建完成后，可以看到只有一个 Program. cs 文件，以及几行代码：

```
using System;

namespaceConsoleHelloWorld
```

```
    {
        class Program
        {
            static void Main(string[] args)
            {
                Console.WriteLine("Hello World!");
            }
        }
    }
```

单击项目顶部名称的按钮，项目正式启动，如果中间没有报错，那么恭喜，你的第一个 .NET Core 项目已经完成了，结果如图 2-9 所示，如果之前开发过 .NET Framework 项目，应该对这个项目毫不陌生，这也就是为什么 .NET 开发者很容易学习 .NET Core 的原因。

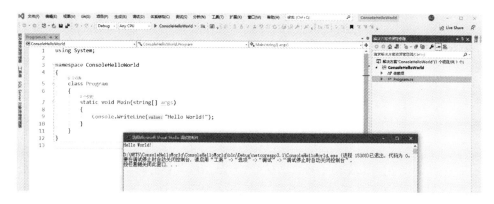

● 图 2-9　.NET Core 启动运行

如果说和 .NET Framework 有什么区别，主要就是添加依赖性的区别，.NET Core 统一采用 NuGet 模式安装，组件十分丰富，除了官方的，还有很多个人或者开源组织的 NuGet 组件活跃在 .NET Core 社区中，比如引用 JSON 序列化相关的组件，可能会使用到 Newtonsoft.Json（ASP.NET Core 官方已经有自己的序列化组件 System.Text.Json），可以在项目-依赖项上，单击鼠标右键，选择"管理 NuGet 程序包"命令，搜索自己需要的 NuGet 包，然后安装即可，如图 2-10 所示。

注意安装 NuGet 包，可能需要登录 Visual Studio 2019，注册一个账号即可。

● 图 2-10　.NET Core 安装 NuGet 依赖

▶▶ 2.2.2 创建 ASP.NET Core Web API 项目

因为本书实战部分是一个前后端分离的项目，因此后端需要的是一个 API 项目，类型选择的是 ASP.NET Core Web 应用程序，前面的操作过程和 2.2.1 节的创建步骤是一样的，如图 2-11 所示。

● 图 2-11 Visual Studio 2019 搜索 ASP.NET Core Web 模板

创建一个名字是 SwiftCode.BBS.API 的 Web API 项目，设置好项目文件位置，然后就是配置解决方案了，这里和上文不太一致，我们都知道解决方案名称应该比项目更少一层，所以这里手动修改"解决方案名称"为 SwiftCode.BBS，如图 2-12 所示。

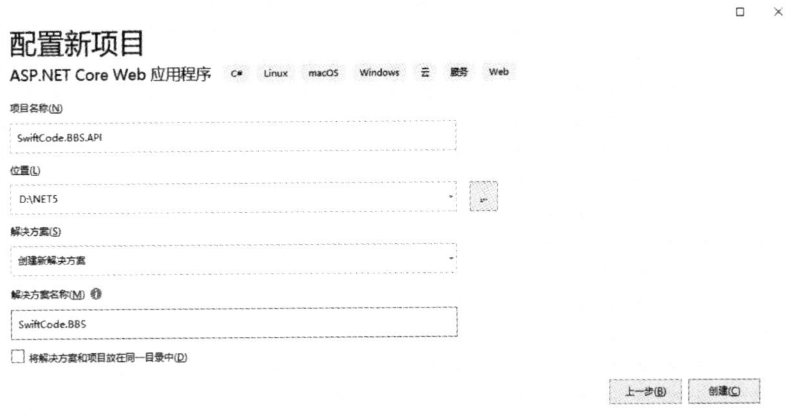

● 图 2-12 配置新项目

单击"创建"按钮后，又出现新的创建页面，一共三个部分，由上至下分别是：框架选择、模板选择、高级配置。

框架选择：选择框架和版本，默认是 .NET Core、ASP.NET Core 5.0。模板选择：Web 项目会有多个模板，以应对不同的使用场景，比如 API 主要用于提供接口，而 MVC 自带页面模型，其他的是融合前端框架的项目，直接单击 ASP.NET Core Web API 项目模板。

高级配置分别如下：

身份认证：集成了微软自带的一些认证方案，比如 Widows 认证、匿名认证等基于 Identity 类库开发的代码，可以不勾选；

HTTPS 配置：为项目支持 HTTPS 访问做准备，可以取消勾选；

启用 Docker 支持：为项目配置 Docker 容器化，生成镜像做准备，可以暂时取消勾选；

Enable OpenAPI Support：集成项目接口说明文档功能，方便查看和调试接口，以后的章节会重点讲解，也可以暂时取消勾选，如图 2-13 所示；

● 图 2-13　创建 ASP.NET Core Web 程序模板

继续单击"创建"按钮，默认初始化项目正式创建完成，一共有 6 个文件，其中核心的文件是 5 个，下面会详细说到这 5 个文件，如图 2-14 所示。

● 图 2-14　ASP.NET Core Web API 结构

▶▶ 2.2.3　了解其他类型的 NetCore 项目

上面两个小节，我们说到了两种 .NET Core 项目，分别是控制台和 ASP.NET Core Web，除了这两种项目以外，官方还提供了其他一些类型的项目模板。

有两个方式可以查看其他类型的项目：

（1）打开 Visual Studio 2019，继续创建新项目，搜索". net core c#"关键字，依次罗列很多的项目模板，比如类库、测试项目等，如图 2-15 所示。

● 图 2-15　其他 .NET Core 类型模板

（2）在 CMD 或者 Power Shell 中，使用 2.1 节讲到的 .NET Core CLI 命令行来查看所有的项目模板：dotnet new。分别包含控制台、类库、WPF、测试、Razor、MVC、Blazor、Web、gRPC 服务等，如图 2-16 所示。

建议初学者初期可以使用 Visual Studio 2019 作为界面工具来创建项目，等自己深入学习或者熟练了以后，再使用 CLI 命令行来操作，简单、快捷、高效。

接下来，我们重点分析创建的示例项目的整体结构和各个文件的含义。

```
Templates                                      Short Name           Language          Tags
----------------------------------------       ------------------   ------------      ------------------------
Console Application                            console              [C#], F#, VB      Common/Console
Class library                                  classlib             [C#], F#, VB      Common/Library
WPF Application                                wpf                   [C#], VB          Common/WPF
WPF Class library                              wpflib               [C#], VB          Common/WPF
WPF Custom Control Library                     wpfcustomcontrollib  [C#], VB          Common/WPF
WPF User Control Library                       wpfusercontrollib    [C#], VB          Common/WPF
Windows Forms App                              winforms             [C#], VB          Common/WinForms
Windows Forms Control Library                  winformscontrollib   [C#], VB          Common/WinForms
Windows Forms Class Library                    winformslib          [C#], VB          Common/WinForms
Worker Service                                 worker               [C#], F#          Common/Worker/Web
Unit Test Project                              mstest               [C#], F#, VB      Test/MSTest
NUnit 3 Test Project                           nunit                [C#], F#, VB      Test/NUnit
NUnit 3 Test Item                              nunit-test           [C#], F#, VB      Test/NUnit
xUnit Test Project                             xunit                [C#], F#, VB      Test/xUnit
Razor Component                                razorcomponent       [C#]              Web/ASP.NET
Razor Page                                     page                 [C#]              Web/ASP.NET
MVC ViewImports                                viewimports          [C#]              Web/ASP.NET
MVC ViewStart                                  viewstart            [C#]              Web/ASP.NET
Blazor Server App                              blazorserver         [C#]              Web/Blazor
Blazor WebAssembly App                         blazorwasm           [C#]              Web/Blazor/WebAssembly
ASP.NET Core Empty                             web                  [C#], F#          Web/Empty
ASP.NET Core Web App (Model-View-Controller)   mvc                  [C#], F#          Web/MVC
ASP.NET Core Web App                           webapp               [C#]              Web/MVC/Razor Pages
ASP.NET Core with Angular                      angular              [C#]              Web/MVC/SPA
ASP.NET Core with React.js                     react                [C#]              Web/MVC/SPA
ASP.NET Core with React.js and Redux           reactredux           [C#]              Web/MVC/SPA
Razor Class Library                            razorclasslib        [C#]              Web/Razor/Library
ASP.NET Core Web API                           webapi               [C#], F#          Web/WebAPI
Blog.Core Dotnet                               blogcoretpl          [C#]              Web/WebAPI
ASP.NET Core gRPC Service                      grpc                 [C#]              Web/gRPC
dotnet gitignore file                          gitignore                              Config
global.json file                               globaljson                             Config
NuGet Config                                   nugetconfig                            Config
Dotnet local tool manifest file                tool-manifest                          Config
Web Config                                     webconfig                              Config
Solution File                                  sln                                    Solution
Protocol Buffer File                           proto                                  Web/gRPC
```

● 图 2-16　.NET Core 全部模板

2.3　API 实例模板项目结构分析

官方的示例是一个特别具有代表性的项目，基础的内容都已经包括，比如配置、服务容器、项目启动、宿主机、中间件、路由启动、依赖注入、API 返回等，这些专用名词看不懂没关系，本书都会一点点详细地讲解出来，其中核心部分需要用整个章节来详细剖析。现在先简单分析一下每个文件代表的意义是什么。

▶▶ 2.3.1　依赖项

依次打开 Web API 项目、依赖项、框架，出现两个 NuGet 包——Microsoft.AspNetCore.App 和 Microsoft.NETCore.App，它们的区别一个是 ASP.NetCore 的，一个是底层 API 的封装方法。前者 Microsoft.AspNetCore.App 是 ASP.NET Core 的共享框架，包含由 Microsoft 开发和支持的程序集。当安装 SDK 时，安装 Microsoft.AspNetCore.App。后者 Microsoft.NETCore.App 是一些包的集合，包含.NET Core 的基础运行时和基础类库。自己可以在"依赖项"上单击鼠标右键，任意添加需要的 NuGet 包。

▶▶ 2.3.2　launchSettings.json

打开 launchSettings.json 文件，可以看到里面有些设置，它的作用就是整个项目的属性配置文件，信息如下：

```json
{
  "$schema": "http://json.schemastore.org/launchsettings.json",
  "iisSettings": {
    "windowsAuthentication": false,
    "anonymousAuthentication": true,
    "iisExpress": {
      "applicationUrl": "http://localhost:60115",
      "sslPort": 0
    }
  },
  "profiles": {
    "IIS Express": {
      "commandName": "IISExpress",
      "launchBrowser": true,
      "launchUrl": "weatherforecast",
      "environmentVariables": {
        "ASPNETCORE_ENVIRONMENT": "Development"
      }
    },
    "SwiftCode.BBS.API": {
      "commandName": "Project",
      "dotnetRunMessages": "true",
      "launchBrowser": true,
      "launchUrl": "weatherforecast",
      "applicationUrl": "http://localhost:5000",
      "environmentVariables": {
        "ASPNETCORE_ENVIRONMENT": "Development"
      }
    }
  }
}
```

在 profiles 节点里，有两个节点，分别对应的是 IIS Express 服务器和 Kestrel 服务器，它们两个的关系和区别会在第 3 章说明，可以暂时理解为它就是一个内置在 ASP. NET Core 框架项目里的服务器，类似 Java 中的 Tomcat。

其中主要的参数如下：

commandName：配置的命令别名；

launchBrowser：运行是否启动浏览器；

launchUrl：启动的默认路由；

applicationUrl：项目应用 URL；

environmentVariables：项目对应的环境变量。

这两个配置可以通过 Visual Studio 2019 顶部导航条的调试按钮来自由切换，使用配置文件中的 commandName 属性，修改默认设置，如图 2-17 所示。

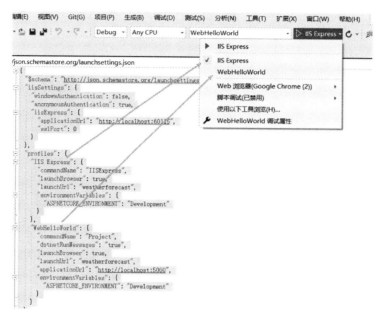

● 图 2-17　修改默认配置

在 Visual Studio 的解决方案资源管理器中使用鼠标右键单击项目名称，然后从上下文菜单中选择 "属性" 命令。单击项目 "属性" 窗口中的 "调试" 选项卡，使用 GUI 可以更改 launchSettings. json 文件中的设置。如图 2-18 所示。

2.3.3　Controllers

控制器文件夹主要的作用是设计和书写 API。在示例项目中，是一个天气预报的接口 WeatherForecastController：

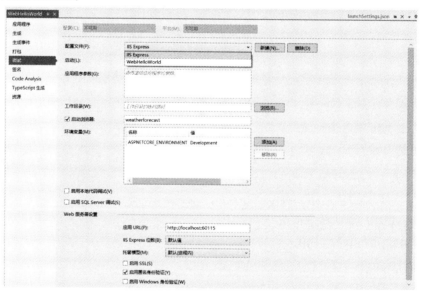

● 图 2-18　在属性调试窗口修改配置图

```csharp
using Microsoft.AspNetCore.Mvc;
using Microsoft.Extensions.Logging;
using System;
using System.Collections.Generic;
using System.Linq;
using System.Threading.Tasks;

namespaceSwiftCode.BBS.API.Controllers
{
    [ApiController]
    [Route("[controller]")]
    public class WeatherForecastController :ControllerBase
    {
        private static readonly string[] Summaries = new[]
        {
            "Freezing", "Bracing", "Chilly", "Cool", "Mild", "Warm", "Balmy", "Hot", "
Sweltering", "Scorching"
        };

        private readonlyILogger<WeatherForecastController> _logger;

        public WeatherForecastController(ILogger<WeatherForecastController> logger)
        {
            _logger = logger;
        }

        [HttpGet]
        publicIEnumerable<WeatherForecast> Get()
        {
            varrng = new Random();
            return Enumerable.Range(1, 5).Select(index => newWeatherForecast
            {
                Date = DateTime.Now.AddDays(index),
    TemperatureC = rng.Next(-20, 55),
                Summary = Summaries[rng.Next(Summaries.Length)]
            })
            .ToArray();
        }
    }
}
```

在 .Net Framework 中，控制器也是很常见的写法，有以下几点重要的说明：

1. 特性

在 WeatherForecastController 控制器中，用到了两个特性，分别指名接口是 API 控制器的 [ApiController] 和路由特性 [Route("[controller]")]，它是一种约定大于配置的写法，["controller"] 指代的就是控制器名 WeatherForecastController，当然可以自定义名称，这两个的效果是一样的：

```csharp
[Route("[controller]")]
[Route("WeatherForecastController")]
```

如果想要在路由中加入 Action，可以这样写：

```
[Route("[controller]/[action]")]
```

总体来说，路由有两种方式：Convention-Based（按约定）、Attribute-Based（基于路由属性配置的）。其中 Convention-Based（基于约定的）主要用于 MVC（返回 View 或者 Razor Page）。Web API 推荐使用 Attribute-Based。

这种基于属性配置的路由可以配置 Controller 或者 Action 级别，URI 会根据 Http Method，然后被匹配到一个 Controller 里具体的 Action 上。

常用的 Http Method 如下：

Get，查询，Attribute：HttpGet，例如：'/api/product'，'/api/product/1'。

POST，创建，Attribute：HttpPost，例如：'/api/product'。

PUT 整体修改更新，Attribute：HttpPut，例如：'/api/product/1'。

PATCH 部分更新，Attribute：HttpPatch，例如：'/api/product/1'。

DELETE 删除，Attribute：HttpDelete，例如：'/api/product/1'。

还有一个 Route 属性（Attribute）也可以用于 Controller 层，它可以控制 Action 级的 URI 前缀。

假设控制器名为 StudentsController，使用［Route("api/[controller]")］，它使得整个 Controller 下面所有 Action 的 URI 前缀变成了"/api/students"，其中［controller］表示 XxxController.cs 中的 Xxx（其实是小写）。

也可以具体指定［Route("api/students")］，这样做的好处是，如果 StudentsController 重构以后改名了，只要不改 Route 里面的内容，那么请求的地址不会发生变化。

然后在 GetStudents 方法上面写上 HttpGet，也可以写 HttpGet()。里面还可以加参数，例如 HttpGet("all")，那么这个 Action 请求的地址就变成了 "/api/students/all"。

2. 依赖注入

可以看到，控制器中有一个自定义构造函数，并带有一定的参数，这种写法就是基于官方内置的容器，实现的依赖注入服务，在以后的章节中，会重点讲解如何实现依赖注入，以及它的原理，这里只需要记得这种写法和使用方式即可。

```
private readonlyILogger<WeatherForecastController> _logger;

public WeatherForecastController(ILogger<WeatherForecastController> logger)
  {
    _logger = logger;
  }
```

▶▶ 2.3.4　appsettings.json

这是一个参数配置文件，整个系统中需要用到的全局参数都可以在这里定义，它是一个 json 格式的文件，可以按照多层嵌套的方式来处理，支持多种数据类型，值类型或者对象的引用类型。

```
{
  "Logging": {
    "LogLevel": {
      "Default": "Information",
      "Microsoft": "Warning",
      "Microsoft.Hosting.Lifetime": "Information"
    }
  },
  "AllowedHosts": "*"
}
```

点开 appsettings.json 前边的三角符号，会出现一个类似的配置文件——appsettings.Development.json，这个配置文件的区别就是前者是所有环境都会用到的基础配置，后者是专门针对开发环境变量。如果 appsettings.Development.json 中的配置包含 appsettings.json，那么它会覆盖掉 appsettings.json 中的相同配置的值。

除了 appsettings.Development.json，还有其他几种配置文件，分别是：appsettings.Production.json、appsettings.Staging.json，代表不同环境变量下的具体配置。

▶▶ 2.3.5 Program.cs

上文说到，ASP.NET Core 项目其实就是一个控制台项目，所以肯定需要一个 Main 函数，作为一个统一入口，来配置和运行程序，Program.cs 发挥的就是这个作用。

```
namespaceSwiftCode.BBS.API
{
    public class Program
    {
        public static void Main(string[] args)
        {
            CreateHostBuilder(args).Build().Run();
        }

        public staticIHostBuilder CreateHostBuilder(string[] args) =>
            Host.CreateDefaultBuilder(args)
                .ConfigureWebHostDefaults(webBuilder =>
                {
                    webBuilder.UseStartup<Startup>();
                });
    }
}
```

我们运行一个 Web 项目，需要用到宿主机提供 Web 服务，因此 CreateHostBuilder 方法的作用，便是为我们提供了一个 IHostBuilder 构造器，用来构造宿主机。ASP.NET Core 自带两种 Http Server，分别是只能用于 Windows 系统的 WebListener，和支持跨平台的 Kestrel。

Kestrel 是默认的 Web Server，就是通过 UseKestrel() 这个方法来启用的。但是我们开发的时候使用的是 IIS Express，调用 UseIISIntegration（）这个方法是启用 IIS Express，它作为 Kestrel 的 Reverse Proxy Server 来用。

webBuilder. UseStartup（）；这句话表示在程序启动的时候，会调用 Startup 这个类。Build（）完成后返回一个实现了 IHost 接口的实例（IHostBuilder），然后调用 Run（），就会运行 Web 程序，监听端口，并且阻止这个调用的线程，直到程序关闭。

▶▶ 2.3.6　Startup. cs

项目在 Program. cs 的 Main 入口函数中正式启动，并监听了配置好的端口，接下来就需要配置项目正常运行所需要的各种服务了，如何管理这些服务，并成功开启和处理 HTTP 请求，就是 Startup. cs 的工作了。

```
namespace SwiftCode.BBS.API
{
    public class Startup
    {
        public Startup(IConfiguration configuration)
        {
            Configuration = configuration;
        }

        public IConfiguration Configuration { get; }

        // This method gets called by the runtime. Use this method to add services to the
container.
        public void ConfigureServices(IServiceCollection services)
        {

            services.AddControllers();
        }

        // This method gets called by the runtime. Use this method to configure the HTTP re-
quest pipeline.
        public void Configure(IApplicationBuilder app, IWebHostEnvironment env)
        {
            if (env.IsDevelopment())
            {
                app.UseDeveloperExceptionPage();
            }
            app.UseRouting();

            app.UseAuthorization();

            app.UseEndpoints(endpoints =>
            {
                endpoints.MapControllers();
            });
        }
    }
}
```

在 Startup. cs 中，一共有两个核心的方法，分别是 ConfigureServices 和 Configure。Configure-Services 方法是用来把 Services（各种服务），例如 Identity、EF、MVC 等包括第三方的或者自己写的加入到 Container（ASP. NET Core 的容器）中去，并配置这些 Services。这个 Container 是用来进行 Dependency Injection 的（依赖注入）。所有注入的 Services（此外还包括一些框架已经注册好的 Services）在以后写代码的时候，都可以将它们注入（Inject）中去。例如上面的 Configure 方法的参数、app、env、loggerFactory 都是注入进去的 Services。. AddControllers（）用来配置启动 Web API 用到的所有方法与服务。

Configure 方法是 ASP. NET Core 程序用来具体指定如何处理每个 Http 请求的，例如可以让这个程序知道使用 MVC 来处理 Http 请求，那么就用 app. UseEndpoints 这个方法，这是一个短路中间件，表示 Http 请求到了这里就不往下走了。

. UseRouting（）和 . UseAuthorization（）分别是路由中间件和授权中间件，关于中间件的相关内容，在以后的章节会详细说明。

到了这里，一个简单的 ASP. NET Core 示例项目已经创建完成，通过 Kestrel 服务器的方式来运行，结果如图 2-19 所示。

● 图 2-19　示例项目运行

接下来，我们趁热打铁，简单探讨一下书中使用到的项目分层架构。

2.4　项目分层结构搭建

相信每一个开发者都会有一种感觉，一个好的、方便迭代和扩展的项目，都需要建立合理的分层，才可能进一步应对不同的需求，单层项目也可以，只不过会显得特别臃肿和杂乱，从这里开始，本书的示例项目就基本定型了，采用仓储＋服务＋接口的模式分层。

▶▶ 2.4.1 设计仓储接口与实现

这里简单说一下仓储层：Repository 用来管理数据持久层，它负责数据的 CRUD（Create，Read，Update，Delete）。Service Layer 是业务逻辑层，它常常需要访问 Repository 层。

Repository（仓储）：协调领域和数据映射层，利用类似集合的接口来访问领域对象。Repository 是一个独立的层，介于领域层与数据映射层（数据访问层）之间。它的存在让领域层感觉不到数据访问层的存在，它提供一个类似集合的接口给领域层进行领域对象的访问。

Repository 是仓库管理员，领域层需要什么东西只需告诉仓库管理员，由仓库管理员把东西拿给领域层，并不需要知道东西实际放在哪。

我们在解决方案上单击鼠标右键，选择"添加"中的"新建项目"命令，如图 2-20 所示。

● 图 2-20 解决方案新建项目

在窗口中选择"类库"项目模板，单击"下一步"按钮，配置项目名称和地址，如图 2-21 和图 2-22 所示。

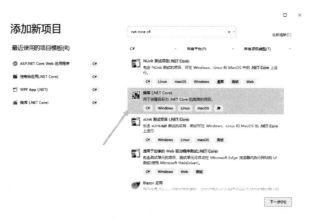

● 图 2-21 选择类库项目模板

● 图 2-22 配置新项目

定义 SwiftCode. BBS. IRepositories 仓储接口层，提供所有的数据库操作接口，为了演示，简单地写一个实例，在以后的章节，我们将把所有的方法嵌套进去。

接着新建一个名为 ICalculateRepository. cs 的计算器仓储接口，并添加一个求和接口。

```
using System;

namespaceSwiftCode.BBS.IRepositories
{
    public interface ICalculateRepository
    {
        int Sum(int i, int j);
    }
}
```

然后新建一个仓储层 SwiftCode. BBS. Repositories，并新建 CalculateRepository. cs 来实现上面的接口，记得要添加引用，过程比较简单，不再赘述，如图 2-23 所示。

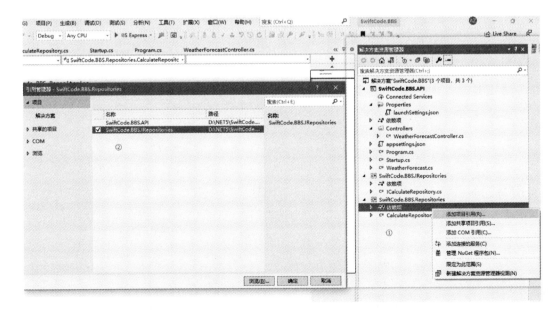

● 图 2-23 为项目添加引用

```
using SwiftCode.BBS.IRepositories;
using System;

namespaceSwiftCode.BBS.Repositories
{
    public class CalculateRepository : ICalculateRepository
    {
        public int Sum(int i, int j)
        {
            return i + j;
        }
    }
}
```

▶▶ 2.4.2 设计服务接口与实现

Service 层只负责将 Repository 仓储层的数据进行调用，它不负责处理，这样就可以达到一定程度上的解耦，假如以后数据库要换，比如 MySQL，那么 Service 层就完全不需要修改，至于真正意义的解耦，还是得靠依赖注入，这个下一节我们会讲到。

同理，按照 2.3 节的步骤，新建 SwiftCode. BBS. IServices 服务接口层和 SwiftCode. BBS. Services 服务层。注意 Swift-Code. BBS. Services 层引用 SwiftCode. BBS. IServices 层和 SwiftCode. BBS. Repositories 层，如图 2-24 所示。

针对计算器仓储，分别新建计算器服务接口 ICalculateService：

```
using System;

namespaceSwiftCode.BBS.IServices
{
    public interface ICalculateService
    {
        int Sum(int i, int j);
    }
}
```

在 CalculateService 中去实现该接口：

```
using SwiftCode.BBS.IRepositories;
using SwiftCode.BBS.IServices;
using SwiftCode.BBS.Repositories;
using System;
```

● 图 2-24　服务层和仓储层引用情况

```
namespaceSwiftCode.BBS.Services
{
    public class CalculateService : ICalculateService
    {
        ICalculateRepository _calculateRepository = new CalculateRepository();

        public int Sum(int i, int j)
        {
            return _calculateRepository.Sum(i, j);
        }
    }
}
```

接下来就是如何在控制器中对 Service 服务发起调用了，在以后的章节会详细说明。

2.5 小结

学完本章后，你会了解到以下知识点：

（1）搭建 ASP. NET Core 开发环境；

（2）如何创建一个 Web API 示例项目；

（3）ASP. NET Core Web 项目各个文件的意义；

（4）搭建项目分层结构。

接口文档 Swagger

随着互联网技术的发展，现在的网站架构基本都由原来的后端渲染变成了前端渲染、后端分离的形态，而且前端技术和后端技术在各自的道路上越走越远，各自独立发展，这个时候有效沟通就显得尤为重要。

3.1 引入 Swagger

在上一章，我们对 ASP.NET Core Web API 进行了简单介绍，系统采用前后端分离的开发模式，这样一来，开发完成后，设计并撰写 API 说明文档对于程序员来说是非常痛苦的事。

前端和后端的唯一联系，变成了 API 接口。API 文档变成了前后端开发人员联系的纽带，变得越来越重要。在没有 API 文档工具之前，大家都是手写的 API 文档，在什么地方书写的都有，有在 Confluence 上写的，也有在对应的项目 readme.md 上写的，每个公司都有自己的要求，无所谓好坏。

今天，我们要推荐一个既方便又美观的接口文档说明框架——Swagger，也是微软官方所支持并推荐的接口文档。书写 API 文档的工具有很多，但是能称为"框架"的，估计也只有 Swagger 了，它是一款让你更好地书写 API 文档的框架。

为了让大家从零基础学习并掌握要领，本章采用手动的方式，从引用 NuGet 包开始讲起，当然也可以在创建新项目的时候，去勾选"Enable OpenAPI Support"选项，从而自动实现 Swagger 配置。

▶▶ 3.1.1 引用 NuGet 包

下面开始引入 Swagger 插件，方法有以下两个：

（1）可以去 Swagger 官网或 GitHub 下载源码，然后将源码（一个类库）引入自己的项目。

（2）直接利用 NuGet 包添加程序集应用。

按鼠标右键，在弹出的菜单中单击"管理 NuGet 程序包"命令，此时会出现一个管理界面，在该界面的浏览 tab 里，搜索"Swashbuckle.AspNetCore"，选中之后在右侧单击"安装"按钮，如图 3-1 所示。

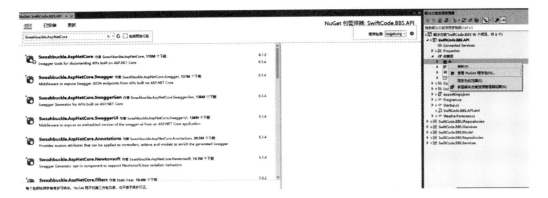

● 图 3-1　安装 Swagger NuGet 包

在项目的 NuGet 里看到刚刚引入的 Swagger，如图 3-2 所示。

● 图 3-2　成功添加项目包

3.1.2　配置服务

打开 Startup. cs 类，编辑 ConfigureServices 方法：

```
#region Swagger
    services.AddSwaggerGen(c =>
    {
        c.SwaggerDoc("v1", new OpenApiInfo
            {
                Version = "v0.1.0",
                Title = "SwiftCode.BBS.API",
                Description = "框架说明文档",
                Contact = new OpenApiContact
                {
                    Name = "SwiftCode",
                    Email = "SwiftCode@xxx.com",
                }
            });
        });
    #endregion
```

▶▶ 3.1.3 配置中间件

在 Configure 中，配置 . UseSwagger( )和 . UseSwaggerUI( )两个中间件的方法如下：

```
#region Swagger
 public void Configure(IApplicationBuilder app, IWebHostEnvironment env)
    {
        if (env.IsDevelopment())
        {
            app.UseDeveloperExceptionPage();
        }

        #region Swagger
        app.UseSwagger();
        app.UseSwaggerUI(c =>
        {
            c.SwaggerEndpoint("/swagger/v1/swagger.json", "v1");
        });
        #endregion

        app.UseRouting();

        app.UseAuthorization();

        app.UseEndpoints(endpoints =>
        {
            endpoints.MapControllers();
        });
    }
#endregion
```

▶▶ 3.1.4 查看效果

现在，我们已经完成对 Swagger 组件的添加，启动项目，成功后，在浏览器中输入 http：//
localhost：5000/swagger，按 Enter 键执行，便可以看到 Swagger 界面了，如图 3-3 所示。

● 图 3-3　Swagger 界面

3.2 Swagger 额外配置

配置好基本信息以后，就可以查看使用 Swagger 接口文档了，当然，Swagger 还有其他的功能来应对不同的需求，比如自定义样式、接口注释、接口增加权限等。那么下面就说说有关 Swagger 的额外配置。

3.2.1 设置 Swagger 页面为首页-开发环境

虽然可以在输入/swagger 后，顺利地访问 Swagger UI 页，但是我们发现每次运行项目，都会默认访问/weatherforecast 这个接口，想要将启动页设为/swagger（或者是其他的页面），就需要用到配置文件 launchSettings. json，如图 3-4 所示。

添加完属性“launchUrl”之后，再一次按 F5 键运行，就会发现不一样了。其他的配置，以及部署中的设置，我们会在以后的内容中提到。

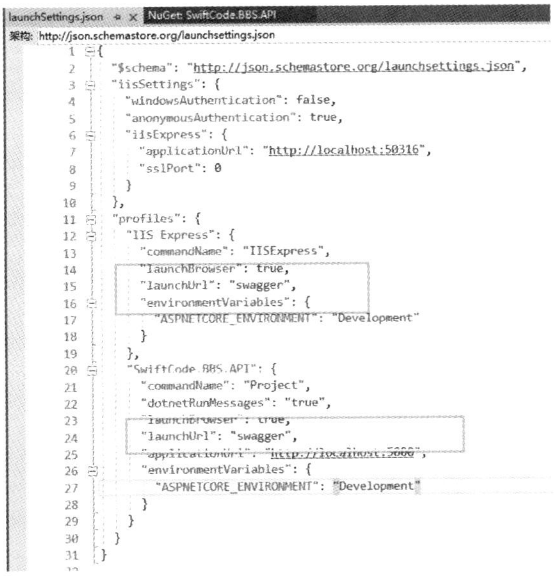


```
{
  "$schema": "http://json.schemastore.org/launchsettings.json",
  "iisSettings": {
    "windowsAuthentication": false,
    "anonymousAuthentication": true,
    "iisExpress": {
      "applicationUrl": "http://localhost:50316",
      "sslPort": 0
    }
  },
  "profiles": {
    "IIS Express": {
      "commandName": "IISExpress",
      "launchBrowser": true,
      "launchUrl": "swagger",
      "environmentVariables": {
        "ASPNETCORE_ENVIRONMENT": "Development"
      }
    },
    "SwiftCode.BBS.API": {
      "commandName": "Project",
      "dotnetRunMessages": "true",
      "launchBrowser": true,
      "launchUrl": "swagger",
      "applicationUrl": "http://localhost:5000",
      "environmentVariables": {
        "ASPNETCORE_ENVIRONMENT": "Development"
      }
    }
  }
}
```

● 图 3-4　配置项目启动地址

3.2.2 设置 Swagger 页面为首页-生产环境

上述方法在本地调试可以直接运行，但是如果部署到服务器，就会发现之前的那种默认启动首页无效了，还是需要每次手动在域名后边输入/swagger。幸运的是，Swagger 提供了这个扩展，可以指定一个空字符，作为 Swagger 的地址，具体操作如下，在 Configure 中配置中间件：

```
#region Swagger
            app.UseSwagger();
```

```
        app.UseSwaggerUI(c =>
        {
            c.SwaggerEndpoint("/swagger/v1/swagger.json", "ApiHelp  v1");
            c.RoutePrefix = "";
        });
    #endregion
```

然后把上面的项目文件 launchSettings. json 的 "launchUrl" 属性删除，这样无论是本地开发环境，还是生产环境，都可以默认首页加载了。

▶▶ 3. 2. 3　给接口添加注释

首先给接口方法加上注释：打开默认生成的 WeatherForecast 控制器，分别给控制器和接口添加注释。

```
/// <summary>
/// 天气预报
/// </summary>
[ApiController]
[Route("[controller]")]
public class WeatherForecastController : ControllerBase
{
    private static readonly string[] Summaries = new[]
    {
        "Freezing", "Bracing", "Chilly", "Cool", "Mild", "Warm", "Balmy", "Hot", "
Sweltering", "Scorching"
    };

    private readonly ILogger<WeatherForecastController> _logger;

    public WeatherForecastController(ILogger<WeatherForecastController> logger)
    {
        _logger = logger;
    }
    /// <summary>
    /// 获取天气
    /// </summary>
    /// <returns></returns>
    [HttpGet]
    public IEnumerable<WeatherForecast> Get()
    {
        var rng = new Random();
        return Enumerable.Range(1, 5).Select(index => new WeatherForecast
        {
            Date = DateTime.Now.AddDays(index),
            TemperatureC = rng.Next(-20, 55),
            Summary = Summaries[rng.Next(Summaries.Length)]
        })
        .ToArray();
    }
}
```

添加好注释之后，接下来就需要把注释信息在 Swagger 中展示，这时候需要用到 XML 文档，因为它是通过 XML 来维护 Swagger 文档的一些信息。单击鼠标右键，选择 "Web 项目名称" 中的 "属性" 中的 "生成" 命令，勾选 "输出路径" 下面的 "XML 文档文件"，重新编译后，系统会默认生成一个 XML，当然也可以自己起一个名字，如图 3-5 所示。

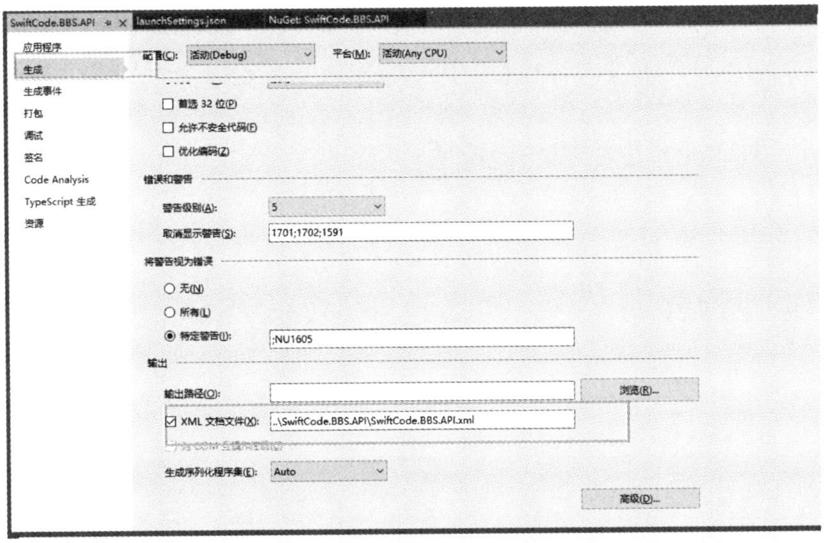

● 图 3-5　配置 XML 生成文档

```
#region Swagger
        services.AddSwaggerGen(c =>
        {
            c.SwaggerDoc("v1", new OpenApiInfo
            {
                Version = "v0.1.0",
                Title = "SwiftCode.BBS.API",
                Description = "框架说明文档",
                Contact = new OpenApiContact
                {
                    Name = "SwiftCode",
                    Email = "SwiftCode@xxx.com",
                }
            });

            var basePath = AppContext.BaseDirectory;
            var xmlPath = Path.Combine(basePath, "SwiftCode.BBS.API.xml");//这个就是
刚刚配置的 xml 文件名
            c.IncludeXmlComments(xmlPath, true);
        });

        #endregion
```

启动项目，查看效果，如图 3-6 所示。

按 F5 键运行查看，这样控制器和接口注释就都有了。

● 图 3-6　接口注释展示效果

▶▶ 3.2.4　对 Model 也添加注释说明

新建一个 .NET Core 类库，取名为 SwiftCode. BBS. Model，如图 3-7 所示。

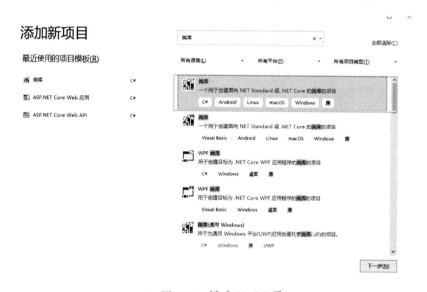

● 图 3-7　新建 Model 层

将 Swift. Code. Api 下的 WeatherForecast. cs 移动到新建的类库中，修改类地址并加上注释，如图 3-8 所示。

```
///<summary>
/// 天气预报
///</summary>
public class WeatherForecast
{
    ///<summary>
    /// 时间
    ///</summary>
    public DateTime Date { get; set; }
    ///<summary>
    /// 摄氏温度
    ///</summary>
    public int TemperatureC { get; set; }
    ///<summary>
```

```
/// 华氏温度
///</summary>
public int TemperatureF => 32 + (int)(TemperatureC / 0.5556);
///<summary>
/// 摘要
///</summary>
public string Summary { get; set; }
        }
```

● 图 3-8　Model 层新建实体

现在有两种情况，或者说是两种操作方案：

（1）当前 API 层直接引用了 SwiftCode. BBS. Model 层，如图 3-9 所示。

● 图 3-9　API 层引用 SwiftCode. BBS. Model 层

这时候，只需要仿照上边 API 层配置的 XML 文档那样，将 SwiftCode. BBS. Model 层的 XML 输出到 API 层就行了，如图 3-10 所示。

● 图 3-10　配置 Model 文档文件

（2）API 层没有直接引用 SwiftCode. BBS. Model 层，而是通过间接引用的形式，如图 3-11 所示。

● 图 3-11　通过级联的方式，应用 Model 层

配置 SwiftCode. BBS. Model 项目 XML 文档：

```
public void ConfigureServices(IServiceCollection services)
    {

        services.AddControllers();

        #region Swagger
        services.AddSwaggerGen(c =>
        {
            c.SwaggerDoc("v1", new OpenApiInfo
            {
                Version = "v0.1.0",
                Title = "SwiftCode.BBS.API",
                Description = "框架说明文档",
                Contact = new OpenApiContact
                {
                    Name = "SwiftCode",
                    Email = "SwiftCode@xxx.com",
                }
            });

            var basePath = AppContext.BaseDirectory;
            var xmlPath = Path.Combine(basePath, "SwiftCode.BBS.API.xml");//这个就是
刚刚配置的 xml 文件名
            c.IncludeXmlComments(xmlPath, true);


            var xmlModelPath = Path.Combine(basePath, "SwiftCode.BBS.Model.xml");//
这个就是 Model 层的 xml 文件名
            c.IncludeXmlComments(xmlModelPath);
        });

        #endregion

    }
```

编译项目后，在浏览器中查看 Swagger 的展示效果，可以看到 Model 实体的参数注释，如图
3-12 所示。

● 图 3-12　Swagger 中的 Model 实体参数注释

▶▶ 3.2.5　去掉 Swagger 警告提示

添加 Swagger 包之后，控制器不填写相应的注释，项目会有很多警告，可打开错误列表查
看，如图 3-13 所示。

● 图 3-13　添加 Swagger 包之后，项目出现大量警告

如果不想添加注释，又不想看到这个警告提示，可以这样做，在项目中单击鼠标右键，选择
"属性"命令，然后生成配置，在错误和警告提示栏目的取消显示警告中添加"；1591"，注意
要加分号。如图 3-14 所示。

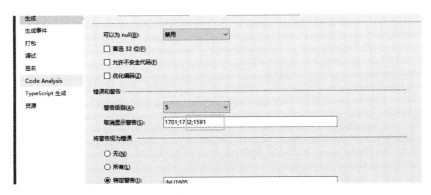

● 图 3-14　属性配置参数，取消警告提示

如果不想显示某些接口，可以直接在 Controller 上或者 Action 上，增加特性 ［ApiExplorerSet-tings］，用来忽略 API 方法，如图 3-15 所示。

```
/// <summary>
/// 天气预报
/// </summary>
[ApiController]
[Route(template: "[controller1]")]
[ApiExplorerSettings(IgnoreApi = true)]
3 个引用 | HDONG, 104 天前 | 2 名作者, 2 项更改
public class WeatherForecastController : ControllerBase
{
    private static readonly string[] Summaries = new[]
    {
        "Freezing", "Bracing", "Chilly", "Cool", "Mild", "Warm", "Balmy", "Hot", "Sweltering", "Scorching"
    };

    private readonly ILogger<WeatherForecastController> _logger;
```

● 图 3-15　通过特性来忽略警告

3.3　小结

学完本章，你会了解到以下知识点：

（1）项目如何引入 NuGet 第三方包；

（2）使用 Swagger 生成接口文档；

（3）如何指定项目启动默认地址。

第4章

▶▶▶▶▶▶

授权与认证

4.1 JWT 权限验证

如何给接口实现权限验证？

根据维基百科定义，JWT，即 JSON Web Token，它是一种基于 JSON 的、用于在网络上声明某种主张的令牌（Token）。JWT 通常由三部分组成：头信息（Header）、消息体（Payload）和签名（Signature）。它是一种用于双方之间传递安全信息的表述性声明规范。JWT 作为一个开放的标准（RFC 7519），定义了一种简洁的、自包含的方法，从而使通信双方实现以 JSON 对象的形式安全地传递信息。

以上是 JWT 的官方解释，可以看出 JWT 并不是一种只能用权限验证的工具，而是一种标准化的数据传输规范。所以，只要是在系统之间传输简短，但却需要一定安全等级的数据时，都可以使用 JWT 规范来传输。规范是不因平台而受限制的，这也是 JWT 作为授权验证可以跨平台的原因。

JSON 是一种轻量级的数据交换格式，是一种数据层次结构规范。它并不是只用来给接口传递数据的工具，只要有层级结构的数据，都可以使用 JSON 来存储和表示。当然，JSON 也是跨平台的，不管是 Windows 还是 Linux，.NET 还是 Java，都可以使用它作为数据的传输形式。

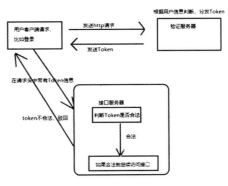

请求流程如图 4-1 所示。

（1）客户端向授权服务系统发起请求，申请获取"令牌"。

● 图 4-1　请求流程

（2）授权服务根据用户身份，生成一张专属"令牌"，并将该"令牌"以 JWT 规范返回给客户端。

（3）客户端将获取到的"令牌"放到 Http 请求的 Headers 中后，向主服务系统发起请求。主服务系统收到请求后，会从 Headers 中获取"令牌"，并从"令牌"中解析出该用户的身份权限，然后做出相应的处理（同意或拒绝返回资源）。

4.2 生成一个令牌

整个过程可以分为四步：

（1）我们需要一个具有一定规则的 Token 令牌，也就是 JWT 令牌（比如公司门禁卡——登录）。

（2）再定义哪些地方需要什么样的角色（比如领导办公室是没办法进去的 —— 授权机制）。

（3）整个公司需要定一个规则，就是如何对这个 Token 进行验证，不能随便写个字条，这样容易被造假（比如公司门上的每一道刷卡机—— JwtBearer 认证方案）。

（4）最后，就是安全部门，开启认证中间件服务（这个服务是可以关闭的，比如电影里看到的黑客会把这个服务给关掉，这样整个公司的安保系统就形同虚设了 —— 开启中间件）。

▶▶ 4.2.1 服务注册与参数配置

新建一个 .NET Core 类库 SwiftCode. BBS. Common，在类库下新建 Helper 文件夹并创建 Appsettings 类，该类用于帮助读取 appsettings. json 中的系统配置参数。

```
通过 NuGet 安装 Microsoft. Extensions. Configuration;
Microsoft.Extensions.Configuration.Abstractions;
Microsoft.Extensions.Configuration.Json;
Microsoft.Extensions.Configuration.Binder;并完成 Appsettings 类。

using Microsoft.Extensions.Configuration;
using Microsoft.Extensions.Configuration.Json;

///<summary>
    /// appsettings.json 操作类
    ///</summary>
    public class Appsettings
    {
        static IConfiguration Configuration { get; set; }
        static string contentPath { get; set; }

        public Appsettings(string contentPath)
        {
            string Path = "appsettings.json";

            //如果配置文件是根据环境变量来区分的,可以这样配置
            //Path = $"appsettings.{Environment.GetEnvironmentVariable("ASPNETCORE_EN-
VIRONMENT")}.json";

            Configuration = new ConfigurationBuilder()
                .SetBasePath(contentPath)
```

```
                .Add(new JsonConfigurationSource { Path = Path, Optional = false, Reload-
OnChange = true })//这样的话,可以直接读取目录里的 json 文件,而不是 bin 文件夹下的,所以不用修改复
制属性
                .Build();
        }

        public Appsettings(IConfiguration configuration)
        {
            Configuration = configuration;
        }

        /// <summary>
        /// 封装要操作的字符
        /// </summary>
        /// <param name = "sections">节点配置</param>
        /// <returns></returns>
        public static string app(params string[] sections)
        {
            try
            {
                if (sections.Any())
                {
                    return Configuration[string.Join(":", sections)];
                }
            }
            catch (Exception) { }

            return "";
        }

        /// <summary>
        /// 递归获取配置信息数组
        /// </summary>
        /// <typeparam name = "T"></typeparam>
        /// <param name = "sections"></param>
        /// <returns></returns>
        public static List<T> app<T>(params string[] sections)
        {
            List<T> list = new List<T>();
            Configuration.Bind(string.Join(":", sections), list);
            return list;
        }
    }
```

在 SwiftCode.BBS.API 下的 Startup.cs 下注入 Appsettings

```
public void ConfigureServices(IServiceCollection services)
        {

            services.AddControllers();
            services.AddSingleton(new Appsettings(Configuration));
        }
```

在 Helper 文件夹下继续新建 JwtHelper 类。

通过 NuGet 安装 System.IdentityModel.Tokens.Jwt，并完成 JwtHelper 类，如图 4-2 所示。

```csharp
using System.Security.Claims;
using System.IdentityModel.Tokens.Jwt;
using Microsoft.IdentityModel.Tokens;

public class JwtHelper
    {

        ///<summary>
        /// 颁发 JWT 字符串
        ///</summary>
        ///<param name = "tokenModel"></param>
        ///<returns></returns>
        public static string IssueJwt(TokenModelJwt tokenModel)
        {
            string iss = Appsettings.app(new string[] { "Audience", "Issuer" });
            string aud = Appsettings.app(new string[] { "Audience", "Audience" });
            string secret = Appsettings.app(new string[] { "Audience", "Secret" });

            var claims = new List<Claim>
                {
                /*
                *  特别重要:
```

这里将用户的部分信息,比如 uid 存到了 Claim 中,如果想知道如何在其他地方将这个 uid 从 Token 中取出来,请看下边的 SerializeJwt() 方法,或者在整个解决方案中搜索这个方法。

也可以研究一下 HttpContext.User.Claims,具体可以看看 Policys/PermissionHandler.cs 类中是如何使用的。

```csharp
                * /
                new Claim(JwtRegisteredClaimNames.Jti, tokenModel.Uid.ToString()),
                        new Claim(JwtRegisteredClaimNames.Iat, $"{new DateTimeOffset
(DateTime.Now).ToUnixTimeSeconds()}"),
                            new Claim(JwtRegisteredClaimNames.Nbf, $"{new DateTimeOffset
(DateTime.Now).ToUnixTimeSeconds()}"),
                        //这个就是过期时间,目前是过期1000秒,可自定义,注意 JWT 有自己的缓冲过期时间
                        new Claim(JwtRegisteredClaimNames.Exp, $"{new DateTimeOffset (Date-
Time.Now.AddSeconds(1000)).ToUnixTimeSeconds()}"),
                        new Claim(ClaimTypes.Expiration, DateTime.Now.AddSeconds(1000).ToString
()),
                        new Claim(JwtRegisteredClaimNames.Iss,iss),
                        new Claim(JwtRegisteredClaimNames.Aud,aud),

                };

            // 可以将一个用户的多个角色全部赋予;
                claims.AddRange(tokenModel.Role.Split(',').Select(s => new Claim
(ClaimTypes.Role, s)));
```

```
        //密钥 (SymmetricSecurityKey 对安全性的要求,密钥的长度太短会报出异常)
        var key = new SymmetricSecurityKey(Encoding.UTF8.GetBytes(secret));
        var creds = new SigningCredentials(key, SecurityAlgorithms.HmacSha256);

        var jwt = new JwtSecurityToken(
            issuer: iss,
            claims: claims,
            signingCredentials: creds);

        var jwtHandler = new JwtSecurityTokenHandler();
        var encodedJwt = jwtHandler.WriteToken(jwt);

        return encodedJwt;
    }

    ///<summary>
    /// 解析
    ///</summary>
    ///<param name="jwtStr"></param>
    ///<returns></returns>
    public static TokenModelJwt SerializeJwt(string jwtStr)
    {
        var jwtHandler = new JwtSecurityTokenHandler();
        TokenModelJwt tokenModelJwt = new TokenModelJwt();

        // token 校验
        if (! string.IsNullOrEmpty(jwtStr) && jwtHandler.CanReadToken(jwtStr))
        {

            JwtSecurityToken jwtToken = jwtHandler.ReadJwtToken(jwtStr);

            object role;

            jwtToken.Payload.TryGetValue(ClaimTypes.Role, out role);

            tokenModelJwt = new TokenModelJwt
            {
                Uid = Convert.ToInt64(jwtToken.Id),
                Role = role == null ? "" : role.ToString()
            };
        }
        return tokenModelJwt;
    }
}

///<summary>
/// 令牌
///</summary>
public class TokenModelJwt
{
    ///<summary>
```

```
/// Id
///</summary>
public long Uid { get; set; }
///<summary>
/// 角色
///</summary>
public string Role { get; set; }
///<summary>
/// 职能
///</summary>
public string Work { get; set; }

}
```

完善 SwiftCode.BBS.API 下的 appsettings.json

```
"Audience": {
  "Secret": "sdfsdfsrty45634kkhllghtdgdfss345t678fs", //不要太短,16 位 +
  "Issuer": "SwiftCode.BBS",
  "Audience": "wr"
}
```

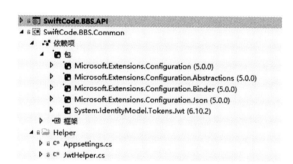

● 图 4-2　Common 层安装的第三方包

▶▶ 4.2.2　设计登录接口

在 SwiftCode. BBS. API 项目上使用鼠标右键单击依赖项，然后跳转到项目列表，勾选引用 Code. BBS. Common 层类库，并在 Controllers 新建 API 控制器 LoginController，如图 4-3 所示。

```
[Route("api/[controller]")]
[ApiController]
public class LoginController : ControllerBase
{
    ///<summary>
    /// 获取 Jwt 令牌
    ///</summary>
    ///<param name = "name"></param>
    ///<param name = "pass"></param>
    ///<returns></returns>
    [HttpGet]
    public async Task<object> GetJwtStr(string name, string pass)
    {
```

```
// 将用户 id 和角色名作为单独的自定义变量,封装进 token 字符串中。
TokenModelJwt tokenModel = new TokenModelJwt { Uid = 1, Role = "Admin" };
var jwtStr = JwtHelper.IssueJwt(tokenModel);//登录,获取到一定规则的 Token 令牌
var suc = true;
return Ok(new
{
    success = suc,
    token = jwtStr
});
    }
}
```

● 图 4-3　API 项目引用

　　启动程序通过 Swagger,调用刚才写的接口,就成功获取到 Token 了,那么如何进行授权和认证呢,别着急,重头戏马上到来!

4.3　JWT——权限三步走

　　我们要进行 JWT 授权认证,就必定要输入 Token 令牌,那么怎样输入呢,平时可以使用 Postman 来控制输入,在请求的 Header 中,添加 Authorization 属性,但是现在使用了 Swagger 作为接口文档,那么怎样输入呢,别着急,Swagger 已经帮我们实现了这个录入 Token 令牌的功能:在 NuGet 中搜索安装 Swashbuckle. AspNetCore. Filters,并在 ConfigureServices 中的 AddSwaggerGen 服务中增加以下代码,注意是 Swagger 服务内部:

```
services.AddSwaggerGen(c =>
        // 开启小锁
        c.OperationFilter<AddResponseHeadersFilter>();
        c.OperationFilter<AppendAuthorizeToSummaryOperationFilter>();

        // 在 header 中添加 token,传递到后台
        c.OperationFilter<SecurityRequirementsOperationFilter>();
```

```
        c.AddSecurityDefinition("oauth2", new OpenApiSecurityScheme
        {

            Description = "JWT授权(数据将在请求头中进行传输)直接在下框中输入Bear-
er {token}(注意两者之间是一个空格)\",
                Name = "Authorization",//jwt默认的参数名称
                In = ParameterLocation.Header,//jwt默认存放Authorization信息的位置
(请求头中)
                Type = SecuritySchemeType.ApiKey
        });
    });
```

然后执行代码，就可以在 Swagger/Index. html 页面里看到这个 Token 入口了，如图 4-4
所示。

● 图 4-4　Swagger 授权

▶▶ 4. 3. 1　API 接口授权

这是三步走的第一步，授权处理，这里可以直接在 API 接口上设置该接口所对应的角色权限
信息，如图4-5 和图 4-6 所示。

```
,
/// <summary>
/// 获取天气
/// </summary>
/// <returns></returns>
[HttpGet]
[Authorize]
0 个引用 | HDONG, 103 天前 | 2 名作者, 3 项更改
public IEnumerable<WeatherForecast> Get()
{
    var rng = new Random();
    return Enumerable.Range(start: 1, count: 5).Select(index : int => new WeatherForecast
    {
        Date = DateTime.Now.AddDays(index),
        TemperatureC = rng.Next(-20, 55),
        Summary = Summaries[rng.Next(Summaries.Length)]
    }) // IEnumerable<WeatherForecast>
    .ToArray(); // WeatherForecast[]
}
```

● 图 4-5　API 接口授权

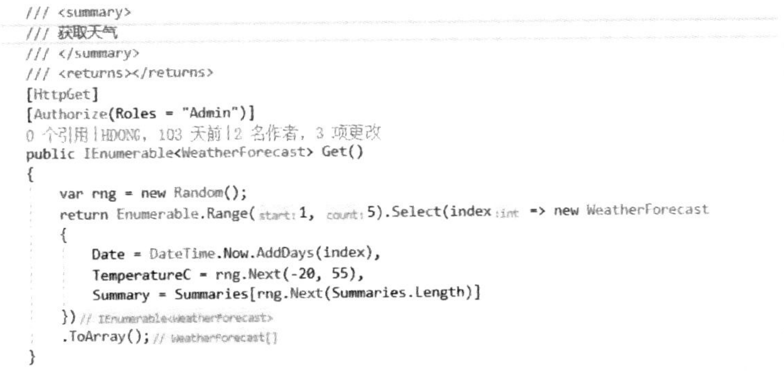

```
/// <summary>
/// 获取天气
/// </summary>
/// <returns></returns>
[HttpGet]
[Authorize(Roles = "Admin")]
0 个引用 | HDONG, 103 天前 | 2 名作者, 3 项更改
public IEnumerable<WeatherForecast> Get()
{
    var rng = new Random();
    return Enumerable.Range(start: 1, count: 5).Select(index :int => new WeatherForecast
    {
        Date = DateTime.Now.AddDays(index),
        TemperatureC = rng.Next(-20, 55),
        Summary = Summaries[rng.Next(Summaries.Length)]
    }) // IEnumerable<WeatherForecast>
    .ToArray(); // WeatherForecast[]
}
```

● 图 4-6　指定角色授权

这里有一个情况，如果角色多，不仅不利于阅读，还可能在配置的时候少一两个 Role，比如这个 API 接口 1 少了一个 System 的角色，再比如那个 API 接口 2 把 Admin 角色写成了 Adnin 这种不必要的错误，真是很难受，怎么办呢，这个时候就出现了基于策略的授权机制，如图 4-7 所示。

我们在 ConfigureServices 中可以这样设置：

```
// 然后这么写 [Authorize(Policy = "Admin")]
services.AddAuthorization(options =>
{
    options.AddPolicy("Client", policy => policy.RequireRole("Client").Build());//单独
角色
    options.AddPolicy("Admin", policy => policy.RequireRole("Admin").Build());
    options.AddPolicy("SystemOrAdmin", policy => policy.RequireRole("Admin", "Sys-
tem"));//或的关系
    options.AddPolicy("SystemAndAdmin", policy => policy.RequireRole("Admin").Require-
Role("System"));//且的关系
});
```

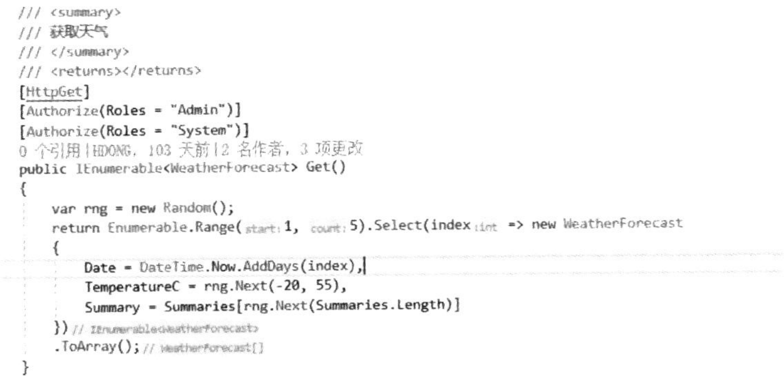

```
/// <summary>
/// 获取天气
/// </summary>
/// <returns></returns>
[HttpGet]
[Authorize(Roles = "Admin")]
[Authorize(Roles = "System")]
0 个引用 | HDONG, 103 天前 | 2 名作者, 3 项更改
public IEnumerable<WeatherForecast> Get()
{
    var rng = new Random();
    return Enumerable.Range(start: 1, count: 5).Select(index :int => new WeatherForecast
    {
        Date = DateTime.Now.AddDays(index),
        TemperatureC = rng.Next(-20, 55),
        Summary = Summaries[rng.Next(Summaries.Length)]
    }) // IEnumerable<WeatherForecast>
    .ToArray(); // WeatherForecast[]
}
```

● 图 4-7　多角色授权

只需要在 Controller 或者 Action 上直接写策略名就可以了，如图 4-8 所示。

这样我们的第一步就完成了。下面继续走第二步——身份验证方案。

```
///
/// <summary>
/// 获取天气
/// </summary>
/// <returns></returns>
[HttpGet]
[Authorize(Policy = "SystemOrAdmin")]
0 个引用 | HDONG, 103 天前 | 2 名作者, 3 项更改
public IEnumerable<WeatherForecast> Get()
{
    var rng = new Random();
    return Enumerable.Range(start:1, count:5).Select(index :int => new WeatherForecast
    {
        Date = DateTime.Now.AddDays(index),
        TemperatureC = rng.Next(-20, 55),
        Summary = Summaries[rng.Next(Summaries.Length)]
    }) // IEnumerable<WeatherForecast>
    .ToArray(); // WeatherForecast[]
}
```

● 图 4-8   自定义策略授权

▶▶ 4.3.2 配置认证服务

在上边的第一步中，已经对每一个接口 API 设置好了授权机制，在这里将要开始进行认证，我们先看一下如何实现 JWT 的 Bearer 认证。什么是 Bearer 认证呢？简单来说，就是定义一套逻辑，用来将我们的 JWT 三个部分进行处理和校验，在登录的时候，可以发现有发行人、订阅人和数字密钥等，JWT Beaer 认证就是实现校验的功能。

如果不进行认证服务配置，会报错：No authenticationScheme was specified, and there was no DefaultChallengeScheme found。

只需要在 ConfigureServices 中添加"统一认证"即可。

安装 NuGet 包 Microsoft.AspNetCore.Authentication.JwtBearer.
// 认证

```
        services.AddAuthentication(x =>
        {
            // 这个单词就是上文的错误提示里出现的那个
            x.DefaultAuthenticateScheme = JwtBearerDefaults.AuthenticationScheme;
            x.DefaultChallengeScheme = JwtBearerDefaults.AuthenticationScheme;

        }).AddJwtBearer(o => {

            var audienceConfig = Configuration["Audience:Audience"];
            var symmetricKeyAsBase64 = Configuration["Audience:Secret"];
            var iss = Configuration["Audience:Issuer"];
            var keyByteArray = Encoding.ASCII.GetBytes(symmetricKeyAsBase64);
            var signingKey = new SymmetricSecurityKey(keyByteArray);
            o.TokenValidationParameters = new TokenValidationParameters
            {
                ValidateIssuerSigningKey = true,
                IssuerSigningKey = signingKey,//参数配置在下边
                ValidateIssuer = true,
                ValidIssuer = iss,//发行人
                ValidateAudience = true,
                ValidAudience = audienceConfig,//订阅人
                ValidateLifetime = true,
```

```
            ClockSkew = TimeSpan.Zero,//这个是缓冲过期时间,也就是说,即使我们配置了
过期时间,这里也要考虑进去,过期时间 + 缓冲,默认好像是 7 分钟,可以直接设置为 0。
            RequireExpirationTime = true,
        };
    });
```

画重点:我们用这个官方默认的方案,替换了自定义中间件的身份验证方案,从而达到了目的,说白了,就是官方封装了一套方案,这样就不用写中间件了。

▶▶ 4.3.3　**配置官方认证中间件**

配置官方认证中间件 app. UseAuthentication( )一定要保证顺序正确。

```
public void Configure(IApplicationBuilder app, IWebHostEnvironment env)
{
    if (env.IsDevelopment())
    {
        app.UseDeveloperExceptionPage();
    }

    #region Swagger
    app.UseSwagger();
    app.UseSwaggerUI(c =>
    {
        c.SwaggerEndpoint("/swagger/v1/swagger.json", "ApiHelp  v1");
        c.RoutePrefix = ""; //路径配置,设置为空,表示直接在根域名(localhost:8001)访
问该文件,注意 localhost:8001/swagger 是访问不到的,去 launchSettings.json 中把 launchUrl 删掉
    });
    #endregion

    app.UseRouting();
    // 先开启认证
    app.UseAuthentication();
    // 然后是授权中间件
    app.UseAuthorization();

    app.UseEndpoints(endpoints =>
    {
        endpoints.MapControllers();
    });
}
```

这样就完成了,结果大家自行测试即可,无论添加或者不添加 Token,都不会报错,虽然不报错,但是如果不添加 Token,会报 401 异常,这是正常的,毕竟我们已经加上了 [Authorize] 授权特性和认证中间件了。

▶▶ 4.3.4　**发起登录请求**

现在只需要将上面的登录接口生成好的 Token 令牌添加到 Swagger 的小锁里,就代表已经登

录了（返回格式可能不太一样，忽略它）在输入 Token 的时候，需要在 Token 令牌的前边加上 Bearer（为什么要加这个，下文会进行说明），如图 4-9 和图 4-10 所示。

● 图 4-9　令牌字符串

● 图 4-10　Swagger 的小锁

4.4　核心知识梳理

学习一定要多看多想，理论知识掌握了才能更好地输入代码。

▶▶ 4.4.1　什么是 Claim

ASP.NET Core 的验证模型是 Claims Based Authentication。Claim 是对被验证主体特征的一种表述，比如登录用户名是…，email 是…，用户 Id 是…，其中的"登录用户名""email""用户 Id"就是 ClaimType。

对应现实中的事物，比如驾照，驾照中的"身份证号码：xxx"是一个 claim，"姓名：xxx"是另一个 claim。

一组 Claims 构成了一个 Identity，具有这些 Claims 的 Identity 就是 ClaimsIdentity，驾照就是一种 ClaimsIdentity，可以把 ClaimsIdentity 理解为"证件"，驾照是一种证件，护照也是一种证件。

ClaimsIdentity 的持有者就是 ClaimsPrincipal，一个 ClaimsPrincipal 可以持有多个 ClaimsIdentity，比如一个人既持有驾照，又持有护照。

理解了 Claim、ClaimsIdentity、ClaimsPrincipal 这三个概念，就能理解生成登录 Cookie 为什么要用下面的代码了。

```
var claimsIdentity = new ClaimsIdentity(new Claim[] { new Claim(ClaimTypes.Name, login-
Name) }, "Basic");
    var claimsPrincipal = new ClaimsPrincipal(claimsIdentity);
    await context. Authentication. SignInAsync (_ cookieAuthOptions. AuthenticationScheme,
claimsPrincipal);
```

要用 Cookie 代表一个通过验证的主体，必须包含 Claim、ClaimsIdentity、ClaimsPrincipal 这三个信息，以一个持有合法驾照的人为例，ClaimsPrincipal 就是持有证件的人，ClaimsIdentity 就是证件，"Basic" 就是证件类型（这里假设是驾照），Claim 就是驾照中的信息。

▶▶ 4.4.2 了解 Bearer 认证

HTTP 提供了一套标准的身份验证框架。服务器可以用来针对客户端的请求发送质询（Challenge），客户端根据质询提供身份验证凭证。质询与应答的工作流程如下：服务器端向客户端返回 401（Unauthorized，未授权）状态码，并在 WWW-Authenticate 中添加如何进行验证的信息，其中至少包含有一种质询方式。然后客户端可以在请求中添加 Authorization 头进行验证，其 Value 为身份验证的凭证信息，如图 4-11 所示。

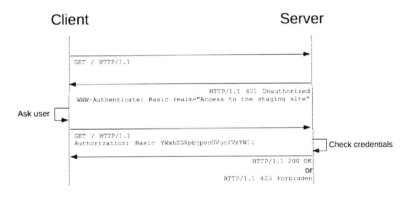

● 图 4-11 身份验证流程

在 HTTP 标准验证方案中，我们比较熟悉的是 "Basic" 和 "Digest"，前者将用户名、密码使用 BASE64 编码后作为验证凭证，后者是 Basic 的升级版，更加安全，因为 Basic 是明文传输密码信息，而 Digest 是加密后传输。在前文介绍的 Cookie 认证属于 Form 认证，并不属于 HTTP 标准验证。

本文要介绍的 Bearer 验证也属于 HTTP 协议标准验证，它随着 OAuth 协议而开始流行。

Bearer 验证中的凭证称为 BEARER_TOKEN，或者是 access_token，它的颁发和验证完全由自己的应用程序来控制，而不依赖于系统和 Web 服务器，Bearer 验证的标准请求方式如下：

```
Authorization: Bearer [BEARER_TOKEN]
```

那么使用 Bearer 验证有什么好处呢?

（1）CORS：Cookies + CORS 并不能跨不同的域名。而 Bearer 验证在任何域名下都可以使用 HTTP Header 头部来传输用户信息。

（2）对移动端友好：当你在一个原生平台（iOS、Android、Windows Phone 等）时，使用 Cookie 验证并不是一个好主意，因为你得和 Cookie 容器打交道，而使用 Bearer 验证则简单得多。

（3）CSRF：因为 Bearer 验证不再依赖于 Cookies，也就避免了跨站请求攻击。

（4）标准：在 Cookie 认证中，用户未登录时，返回一个 302 到登录页面，这在非浏览器情况下很难处理，而 Bearer 验证则返回的是标准的 401 Challenge。

▶▶ 4.4.3 JWT（JSON Web Token）

上面介绍的 Bearer 认证，其核心便是 BEARER_TOKEN，而最流行的 Token 编码方式便是：JSON Web Token。

JSON Web Token（JWT），是为了在网络应用环境间传递声明而执行的一种基于 JSON 的开放标准（RFC 7519）。该 Token 被设计为紧凑且安全的，特别适用于分布式站点的单点登录（SSO）场景。JWT 的声明一般被用来在身份提供者和服务提供者之间传递被认证的用户身份信息，以便于从资源服务器获取资源，也可以增加一些额外的其他业务逻辑所必需的声明信息，该 Token 也可直接被用于认证，也可被加密。

JWT 分割由如下三部分组成：

1. 头部（Header）

Header 一般由两个部分组成：alg、typ。

alg 是所使用的 hash 算法，如 HMAC SHA256 或 RSA，typ 是 Token 的类型，在这里就是 JWT。

```
{
  "alg": "HS256",
  "typ": "JWT"
}
```

然后使用 Base64Url 编码成第一部分：

```
eyJhbGciOiJIUzI1NiIsInR5cCI6IkpXVCJ9.<second part>.<third part>
```

2. 载荷（Payload）

这是 JWT 主要的信息存储部分，其中包含了许多种声明（Claims）。

Claims 的实体一般包含用户和一些元数据，这些 Claims 分成三种类型：

（1）reserved claims：预定义的一些声明，并不是强制的，但是推荐使用，它们包括 iss（issuer）、exp（expiration time）、sub（subject）、aud（audience）等（这里都使用三个字母的原因是保证 JWT 的紧凑）。

（2）public claims：公有声明，这个部分可以随便定义，但是要注意和 IANA JSON Web Token 冲突。

（3）private claims：私有声明，这个部分是共享被认定信息中自定义的部分。

一个简单的 Pyload 可以是这样的：

```
{
  "sub": "1234567890",
  "name": "John Doe",
  "admin": true
}
```

这部分同样使用 Base64Url 编码成第二部分：

eyJhbGciOiJIUzI1NiIsInR5cCI6IkpXVCJ9.eyJzdWIiOiIxMjM0NTY3ODkwIiwibmFtZSI6Ikpva-
G4gRG9lIiwiYWRtaW4iOnRydWV9.<third part>

3. 签名（Signature）

Signature 是用来验证发送者的 JWT 的同时，也能确保在期间不被篡改。

在创建该部分时，你应该已经有了编码后的 Header 和 Payload，然后使用保存在服务端的密钥对其签名即可，一个完整的 JWT 如下：

eyJhbGciOiJIUzI1NiIsInR5cCI6IkpXVCJ9.eyJzdWIiOiIxMjM0NTY3ODkwIiwibmFtZSI6Ikpva-
G4gRG9lIiwiYWRtaW4iOnRydWV9.TJVA95OrM7E2cBab30RMHrHDcEfxjoYZgeFONFh7HgQ

使用 JWT 具有如下好处：

（1）通用：因为 JSON 的通用性，所以 JWT 是可以进行跨语言支持的，像 Java、JavaScript、NodeJS、PHP 等很多语言都可以使用。

（2）紧凑：JWT 的构成非常简单，字节占用很小，可以通过 GET、POST 等放在 HTTP 的 Header 中，非常便于传输。

（3）扩展：JWT 包含了必要的所有信息，不需要在服务端保存会话信息，非常易于应用的扩展。

关于更多 JWT 的介绍，网上非常多，这里就不再多做介绍。下面演示一下 ASP. NET Core 中 JwtBearer 认证的使用方式。

▶▶ 4.4.4 **扩展**

在 JwtBearer 认证中，默认是通过 Http 的 Authorization 头来获取的，这也是推荐的做法，但是在某些场景下，可能会使用 Url 或者是 Cookie 来传递 Token，那么要怎样来实现呢？

其实实现起来非常简单，如前几章介绍的一样，JwtBearer 也在认证的各个阶段为我们提供了事件，来执行自定义逻辑：

```
.AddJwtBearer(o =>
{
    o.Events = new JwtBearerEvents()
    {
        OnMessageReceived = context =>
        {
            context.Token = context.Request.Query["access_token"];
            return Task.CompletedTask;
        }
    };
    o.TokenValidationParameters = new TokenValidationParameters
```

```
        {
            ...
        };
    }
```

然后在 Url 中添加 access_token = [token]，可直接在浏览器中访问，如图 4-12 所示。

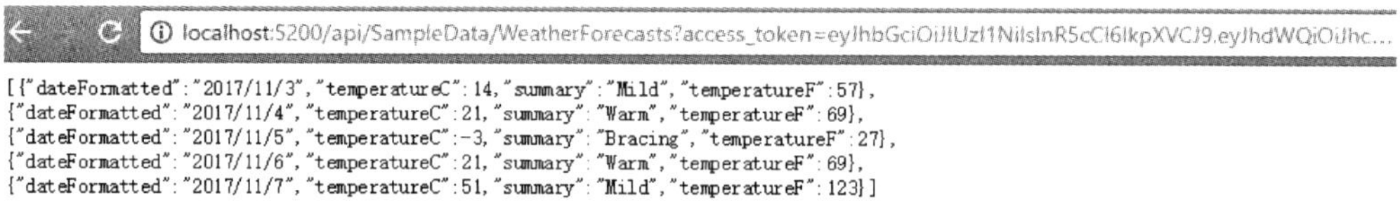

```
← C ① localhost:5200/api/SampleData/WeatherForecasts?access_token=eyJhbGciOiJIUzI1NiIsInR5cCI6IkpXVCJ9.eyJhdWQiOiJhc…
[{"dateFormatted":"2017/11/3","temperatureC":14,"summary":"Mild","temperatureF":57},
{"dateFormatted":"2017/11/4","temperatureC":21,"summary":"Warm","temperatureF":69},
{"dateFormatted":"2017/11/5","temperatureC":-3,"summary":"Bracing","temperatureF":27},
{"dateFormatted":"2017/11/6","temperatureC":21,"summary":"Warm","temperatureF":69},
{"dateFormatted":"2017/11/7","temperatureC":51,"summary":"Mild","temperatureF":123}]
```

● 图 4-12　在 Url 中添加 access_token 访问

我们也可以很容易地在 Cookie 中读取 Token，这里就不再演示。

除了 OnMessageReceived 外，还提供了如下几个事件：

（1）TokenValidated：在 Token 验证通过后调用。

（2）AuthenticationFailed：认证失败时调用。

（3）Challenge：未授权时调用。

4.5 小结

学完本章后，你会了解到以下知识点：

（1）什么是 JWT；

（2）如何添加配置 .NET Core 中间件；

（3）如何使用 Token 验证，在以后的项目里登录时，调用 Token，返回客户端，然后判断是否有相应的接口权限。

第5章

Entity Framework Core
数据访问与仓储模式

>>>>>>>

5.1 实体 Model 数据层

在正式讲解之前，我们先把前面的章节创建的 SwiftCode. BBS. Model 介绍一下，Swift-
Code. BBS. Model 类库会存放 Models 和 VeiwModels 两个文件夹，还有一些辅助类，如图 5-1 所示。

Models 文件夹中存放的是整个项目的数据库表实体类。

VeiwModels 文件夹中存放的是 DTO 实体类。在开发中，
一般接口需要接收并返回数据。如果直接用一个类，不仅会
把重要信息暴露出去（比如手机号码等），还会对数据造成冗
余（比如需要接收用户的生日，还需要具体的年、月、日，
这就是三个字段，当然也可以手动拆开，这只是一个例子，所
以不能直接用数据库实体类接收），所以就用到了 DTO 类的转

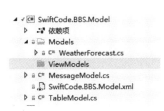

● 图 5-1　实体 Model 数据层

换，但是频繁的转换又会很麻烦，没关系，在以后的文章中，我们会引用 AutoMapper 来自动
转换。

需要用到的辅助对象有：负责消息数据的 MessageModel 类和负责表数据的 TableModel 类，
因为在前端接口中，需要固定的格式，以及操作，不能把数据直接发出去，会报错。

```
///<summary>
/// 通用返回信息类
///</summary>
public class MessageModel<T>
{
    ///<summary>
    /// 状态码
    ///</summary>
    public int status { get; set; } = 200;
    ///<summary>
    /// 操作是否成功
```

```
        ///</summary>
        public bool success { get; set; } = false;
        ///<summary>
        /// 返回信息
        ///</summary>
        public string msg { get; set; } = "服务器异常";
        ///<summary>
        /// 返回数据集合
        ///</summary>
        public T response { get; set; }

    }
///<summary>
    /// 表格数据,支持分页
    ///</summary>
    public class TableModel<T>
    {
        ///<summary>
        /// 返回编码
        ///</summary>
        public int Code { get; set; }
        ///<summary>
        /// 返回信息
        ///</summary>
        public string Msg { get; set; }
        ///<summary>
        /// 记录总数
        ///</summary>
        public int Count { get; set; }
        ///<summary>
        /// 返回数据集
        ///</summary>
        public List<T> Data { get; set; }
    }
```

在第 2 章的时候,我们创建了仓储和服务,这里调用一下看看效果。

在 SwiftCode. BBS. API 层创建一个 CalculatController,然后运行代码调用该接口,如图 5-2 所示。

```
using SwiftCode.BBS.IServices;
using SwiftCode.BBS.Services;

[Route("api/[controller]")]
    [ApiController]
    public class CalculatController : ControllerBase
    {
        ///<summary>
        /// Sum 接口
        ///</summary>
        ///<param name = "i">参数 i</param>
        ///<param name = "j">参数 j</param>
```

```
///<returns></returns>
[HttpGet]
public int Get(int i, int j)
{
    ICalculateService articleServices = new CalculateService();
    return articleServices.Sum(i, j);
}
}
```

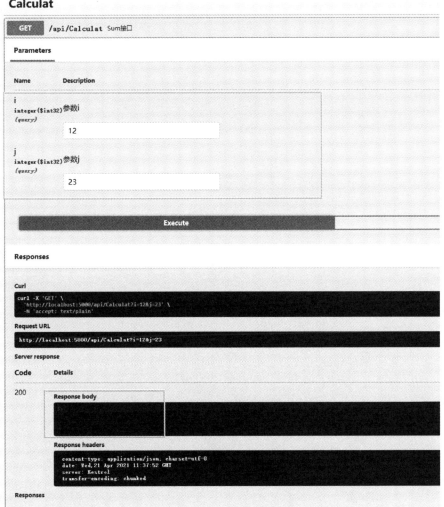

● 图 5-2　Calculat 接口调用

5.2　创建实体模型与数据库

Entity Framework（EF Core）是轻量化、可扩展、开源和跨平台版的常用 Entity Framework 数据访问技术。

EF Core 可用作对象关系映射程序（O/RM），这可以实现以下两点：

（1）使 .NET 开发人员能够使用 .NET 对象处理数据库。

（2）无须再像通常那样编写大部分数据访问代码。

▶▶ 5.2.1　创建实体模型

在之前的章节中，我们说到了仓储模式，所谓仓储，就是对数据的管理，因此，必须要有实体模型，先在 SwiftCode.BBS.Model 的 Models 中创建实体模型 Article。

```
/// <summary>
/// 文章
/// </summary>
public class Article
{
    /// <summary>
    /// 主键
    /// </summary>
    public int Id { get; set; }
    /// <summary>
    /// 创建人
    /// </summary>
    public string Submitter { get; set; }

    /// <summary>
    /// 标题 blog
    /// </summary>
    public string Title { get; set; }

    /// <summary>
    /// 类别
    /// </summary>
    public string Category { get; set; }

    /// <summary>
    /// 内容
    /// </summary>
    public string Content { get; set; }

    /// <summary>
    /// 访问量
    /// </summary>
    public int Traffic { get; set; }

    /// <summary>
    /// 评论数量
    /// </summary>
    public int CommentNum { get; set; }
    /// <summary>
    /// 修改时间
    /// </summary>
```

```
public DateTime UpdateTime { get; set; }

///<summary>
/// 创建时间
///</summary>
public DateTime CreateTime { get; set; }
///<summary>
/// 备注
///</summary>
public string Remark { get; set; }

///<summary>
/// 逻辑删除
///</summary>
public bool? IsDeleted { get; set; }
}
```

▶▶ 5.2.2　创建文章仓储接口

在 SwiftCode. BBS. IRepositories 层创建文章仓储接口。

```
namespace SwiftCode.BBS.IRepositories
{
    public interface IArticleRepository
    {
        void Add(Article model);
        void Delete(Article model);
        void Update(Article model);
        List<Article> Query(Expression<Func<Article, bool>> whereExpression);
    }
}
```
在 SwiftCode.BBS.Repositories 创建文章仓储实现
```
namespace SwiftCode.BBS.Repositories
{
    public class ArticleRepository: IArticleRepository
    {
        public void Add(Article model)
        {
            throw new NotImplementedException();
        }

        public void Delete(Article model)
        {
            throw new NotImplementedException();
        }

        public void Update(Article model)
        {
            throw new NotImplementedException();
        }

        public List<Article> Query(Expression<Func<Article, bool>> whereExpression)
        {
```

```
            throw new NotImplementedException();
        }
    }
}
```

▶▶ 5.2.3　创建数据库

在 SwiftCode. BBS. API 层通过 NuGet 引入 Microsoft. EntityFrameworkCore. Design。

在 SwiftCode. BBS. Repositories 层通过 NuGet 引入 Microsoft. EntityFrameworkCore，Microsoft. EntityFrameworkCore. SqlServer，Microsoft. EntityFrameworkCore. Tools，如图 5-3 所示，并在 EfContext 文件夹中创建 SwiftCodeBbsContext，一个详细的上下文类，包含数据库连接字符串，数据表的映射方式。

● 图 5-3　安装的 EntityFrameworkCore 包

```
namespace SwiftCode.BBS.Repositories.EfContext
{
    public class SwiftCodeBbsContext : DbContext
    {
    public SwiftCodeBbsContext()
     {
    }
        public SwiftCodeBbsContext(DbContextOptions<SwiftCodeBbsContext> options)
            : base(options)
        {
        }
        public DbSet<Article> Articles { get; set; }
        protected override void OnModelCreating(ModelBuilder modelBuilder)
        {
            modelBuilder.Entity<Article>().Property(p => p.Title).HasMaxLength(128);
            modelBuilder.Entity<Article>().Property(p => p.Submitter).HasMaxLength(64);
            modelBuilder.Entity<Article>().Property(p => p.Category).HasMaxLength(256);
            // modelBuilder.Entity<Article>().Property(p => p.Content).HasMaxLength(128);
            modelBuilder.Entity<Article>().Property(p => p.Remark).HasMaxLength(1024);
        }
        protected override void OnConfiguring(DbContextOptionsBuilder optionsBuilder)
        {
            optionsBuilder
                .UseSqlServer(@"Server = .; Database = SwiftCodeBbs; Trusted Connection =
True; Connection Timeout = 600;MultipleActiveResultSets = true;")
```

```
                .LogTo(Console.WriteLine, LogLevel.Information);
            }
        }
    }
```

将上下文服务在 Startup 中进行注册。

```
var connectionStrings = Configuration.GetConnectionString("mssql - db");
services.AddDbContext < SwiftCodeBbsContext > (o => o.UseSqlServer(connectionStrings));
```

在工具栏找到工具中的 NuGet 包管理器中的程序包管理控制台。

在控制台上将默认项目改为 SwiftCode. BBS. Repositories，输入命令 Add-Migration Add_Article 生成迁移文件，迁移生成完成后，输入 Update-Database 生成数据库，如图 5-4 所示。

● 图 5-4   生成数据库

5.3 Article 服务调用

将 Article 实体模型的仓储和服务完善。

▶▶ 5.3.1 完善仓储实现

打开上面创建的 ArticleRepository 仓储实现，重写构造函数，编辑统一 EF 实例方法，这里用到了私有属性，也是为以后的单列模式做准备。

```
public class ArticleRepository: IArticleRepository
    {
        private SwiftCodeBbsContext context;
        public ArticleRepository()
        {
            context = new SwiftCodeBbsContext();
        }
        public void Add(Article model)
        {
            context.Articles.Add(model);
            context.SaveChanges();
        }

        public void Delete(Article model)
        {
            context.Articles.Remove(model);
            context.SaveChanges();
        }

        public void Update(Article model)
```

```
            {
                context.Articles.Update(model);
                context.SaveChanges();
            }


            public List<Article> Query(Expression<Func<Article, bool>> whereExpression)
            {

              return  context.Articles.Where(whereExpression).ToList();
            }
        }
```

▶▶ 5.3.2　补充 Article 服务

新建 IArticleService 和 ArticleService 并完成下面的代码。

```
namespace SwiftCode.BBS.IServices
{
    public interface IArticleService
    {
        void Add(Article model);
        void Delete(Article model);
        void Update(Article model);
        List<Article> Query(Expression<Func<Article, bool>> whereExpression);
    }
}
    public class ArticleService: IArticleService
    {
        public IArticleRepository dal = new ArticleRepository();
        public void Add(Article model)
        {
            dal.Add(model);
        }

        public void Delete(Article model)
        {
            dal.Delete(model);
        }

        public void Update(Article model)
        {
            dal.Update(model);
        }

        public List<Article> Query(Expression<Func<Article, bool>> whereExpression)
        {
          return dal.Query(whereExpression);
        }
    }
```

▶▶ 5.3.3　调用 Article Controller

新建 ArticleController。

```
[Route("api/[controller]")]
[ApiController]
public class ArticleController : ControllerBase
{

    ///<summary>
    /// 根据 Id 查询文章
    ///</summary>
    ///<param name = "id"></param>
    ///<returns></returns>
    [HttpGet("{id}", Name = "Get")]
    public List<Article> Get(int id)
    {
        IArticleService articleServices = new ArticleService();

        return articleServices.Query(d => d.Id == id);
    }
}
```

启动调试，通过 Swagger 调用 Article 的获取接口，得到的结果虽然是空的，但是返回结果 http 代码是 200（因为表中没数据），如图 5-5 所示。

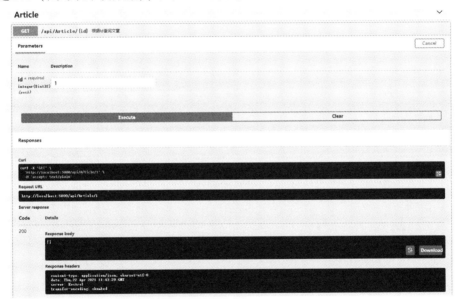

● 图 5-5　调用 Article 获取接口

5.4　小结

学完本章，你会了解到以下知识点：

（1）仓储模式的使用；

（2）如何使用 EntityFramework Core；

（3）采用 Code First 模式生成数据库。

异步泛型仓储

6.1 设计仓储基类接口

在 SwiftCode. BBS. IRepositories 层中添加 BASE 文件夹，并添加接口 IBaseRepository. cs。

作者从 EF Core 中抽取基本的常见方法做了简单的封装，如果有需要，可以自定义封装扩展，很多人用的时候会感觉 EF 本身不是已经封装好了 CRUD，为什么还要在仓储再封装一次？如果一个项目突然要更换 ORM 框架，之前我们使用的是 EF，现在要换成别的 ORM 框架，团队中的其他人可能对这个新的框架不熟悉，但是如果我们采用封装接口来给他们使用，只需要按照之前的开发方法使用就可以了，不需要了解底层实现，这就是面向接口编程带来的好处。

```
///<summary>
/// 仓储基类接口
///</summary>
///<typeparam name = "TEntity"></typeparam>
public interface IBaseRepository<TEntity> where TEntity : class
{
    ///<summary>
    /// 功能描述:添加实体数据
    ///</summary>
    ///<param name = "entity">实体类</param>
    ///<param name = "autoSave">是否马上更新到数据库</param>
    ///<param name = "cancellationToken">取消令牌(当 CancellationToken 是取消状态,Task
内部未启动的任务不会启动新线程)</param>
    ///<returns></returns>
    Task<TEntity> InsertAsync(TEntity entity, bool autoSave = false, Cancellation-
Token cancellationToken = default);
    ///<summary>
    /// 功能描述:批量插入实体
    ///</summary>
    ///<param name = "entities">实体类集合</param>
    ///<param name = "autoSave">是否马上更新到数据库</param>
    ///<param name = "cancellationToken">取消令牌(当 CancellationToken 是取消状态,Task
内部未启动的任务不会启动新线程)</param>
```

///
　　　　Task InsertManyAsync(IEnumerable<TEntity> entities, bool autoSave = false, Can-
cellationToken cancellationToken = default);

　　　　///<summary>
　　　　/// 功能描述:更新实体数据
　　　　///</summary>
　　　　///<param name = "entity">实体类</param>
　　　　///<param name = "autoSave">是否马上更新到数据库</param>
　　　　///<param name = "cancellationToken">取消令牌(当 CancellationToken 是取消状态,Task
内部未启动的任务不会启动新线程)</param>
　　　　///
　　　　Task<TEntity> UpdateAsync(TEntity entity, bool autoSave = false, Cancellation-
Token cancellationToken = default);

　　　　///<summary>
　　　　/// 功能描述:批量更新实体
　　　　///</summary>
　　　　///<param name = "entities">实体类集合</param>
　　　　///<param name = "autoSave">是否马上更新到数据库</param>
　　　　///<param name = "cancellationToken">取消令牌(当 CancellationToken 是取消状态,Task
内部未启动的任务不会启动新线程)</param>
　　　　///
　　　　Task UpdateManyAsync(IEnumerable<TEntity> entities, bool autoSave = false, Can-
cellationToken cancellationToken = default);

　　　　///<summary>
　　　　/// 功能描述:根据实体删除一条数据
　　　　///</summary>
　　　　///<param name = "entity">实体类</param>
　　　　///<param name = "autoSave">是否马上更新到数据库</param>
　　　　///<param name = "cancellationToken">取消令牌(当 CancellationToken 是取消状态,Task
内部未启动的任务不会启动新线程)</param>
　　　　///
　　　　Task DeleteAsync(TEntity entity, bool autoSave = false, CancellationToken cancel-
lationToken = default);
　　　　///<summary>
　　　　/// 功能描述:根据筛选条件删除数据
　　　　///</summary>
　　　　///<param name = "predicate">筛选条件</param>
　　　　///<param name = "autoSave">是否马上更新到数据库</param>
　　　　///<param name = "cancellationToken">取消令牌(当 CancellationToken 是取消状态,Task
内部未启动的任务不会启动新线程)</param>
　　　　///
　　　　 Task DeleteAsync(Expression<Func<TEntity, bool>> predicate, bool autoSave =
false, CancellationToken cancellationToken = default);

　　　　///<summary>
　　　　/// 功能描述:根据实体集合删除数据
　　　　///</summary>
　　　　///<param name = "entities">实体类集合</param>

```
        ///<param name = "autoSave">是否马上更新到数据库</param>
        ///<param name = "cancellationToken">取消令牌(当 CancellationToken 是取消状态,Task
内部未启动的任务不会启动新线程)</param>
        ///<returns></returns>
        Task DeleteManyAsync(IEnumerable<TEntity> entities, bool autoSave = false, Can-
cellationToken cancellationToken = default);


        ///<summary>
        /// 功能描述:根据筛选条件获取一条数据(如果不存在返回 Null)
        ///</summary>
        ///<param name = "predicate">筛选条件</param>
        ///<param name = "cancellationToken">取消令牌(当 CancellationToken 是取消状态,Task
内部未启动的任务不会启动新线程)</param>
        ///<returns></returns>
        Task<TEntity> FindAsync(Expression<Func<TEntity, bool>> predicate, Cancel-
lationToken cancellationToken = default);


        ///<summary>
        /// 功能描述:根据筛选条件获取一条数据(如果不存在抛出异常)
        ///</summary>
        ///<param name = "predicate">筛选条件</param>
        ///<param name = "cancellationToken">取消令牌(当 CancellationToken 是取消状态,Task
内部未启动的任务不会启动新线程)</param>
        ///<returns></returns>
        Task<TEntity> GetAsync(Expression<Func<TEntity, bool>> predicate, Cancel-
lationToken cancellationToken = default);


        ///<summary>
        /// 功能描述:获取所有数据
        ///</summary>
        ///<param name = "cancellationToken">取消令牌(当 CancellationToken 是取消状态,Task
内部未启动的任务不会启动新线程)</param>
        ///<returns></returns>
        Task<List<TEntity>> GetListAsync(CancellationToken cancellationToken = default);


        ///<summary>
        /// 功能描述:根据筛选条件查询数据
        ///</summary>
        ///<param name = "predicate">筛选条件</param>
        ///<param name = "cancellationToken">取消令牌(当 CancellationToken 是取消状态,Task
内部未启动的任务不会启动新线程)</param>
        ///<returns></returns>
        Task<List<TEntity>> GetListAsync(Expression<Func<TEntity, bool>> predicate,
CancellationToken cancellationToken = default);


        ///<summary>
        /// 功能描述:分页查询数据
        ///</summary>
        ///<param name = "skipCount">跳过多少条</param>
        ///<param name = "maxResultCount">获取多少条</param>
        ///<param name = "sorting">排序字段</param>
```

///<param name = "cancellationToken">取消令牌(当 CancellationToken 是取消状态,Task 内部未启动的任务不会启动新线程)</param>

///

Task < List < TEntity > > GetPagedListAsync (int skipCount, int maxResultCount, string sorting, CancellationToken cancellationToken = default);

///<summary>
/// 功能描述:获取总共多少条数据
///</summary>
///<param name = "cancellationToken">取消令牌(当 CancellationToken 是取消状态,Task 内部未启动的任务不会启动新线程)</param>
///

Task<long> GetCountAsync(CancellationToken cancellationToken = default);

///<summary>
/// 功能描述:根据条件获取筛选数据条数
///</summary>
///<param name = "predicate">筛选条件</param>
///<param name = "cancellationToken">取消令牌(当 CancellationToken 是取消状态,Task 内部未启动的任务不会启动新线程)</param>
///

Task<long> GetCountAsync(Expression<Func<TEntity, bool>> predicate, CancellationToken cancellationToken);

}

在 SwiftCode. BBS. IRepositories 层中,将其他的接口继承 Base

上一章我们写的 **IArticleRepository. cs**,继承 Base,如图 6-1 所示。

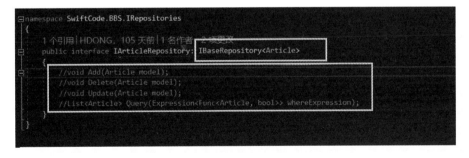

● 图 6-1　Article 仓储接口

6.2　对仓储基接口进行实现

在 SwiftCode. BBS. Repositories 层中添加 BASE 文件夹,然后在该文件夹中添加 BaseRepository . cs 基类,该基类内容和 ArticleRepository 类似,类中有一个排序功能,它通过名为 System. Linq. Dynamic. Core 的 NuGet 包来实现,支持 Linq 动态查询。另外仓储类中有一个分页接口 GetPagedListAsync,通过传参的方式,传递两个分页所需的必要参数,分别是:跳过的条数和当前页需要显示的条数。代码如下:

```
///<summary>
/// 仓储接口实现
///</summary>
///<typeparam name = "TEntity"></typeparam>
public class BaseRepository<TEntity> : IBaseRepository<TEntity> where TEntity :
class, new()
{
    private SwiftCodeBbsContext _context;
    public BaseRepository()
    {
        _context = new SwiftCodeBbsContext();
    }
    ///<summary>
    /// 暴露 DbContext 提供给自定义仓储进行使用
    ///</summary>
    ///<returns></returns>
    protected SwiftCodeBbsContext DbContext()
    {
        return _context;
    }
    ///<summary>
    /// 功能描述:添加实体数据
    ///</summary>
    ///<param name = "entity"> 实体类</param>
    ///<param name = "autoSave"> 是否马上更新到数据库</param>
    ///<param name = "cancellationToken"> 取消令牌(当 CancellationToken 是取消状态,Task
内部未启动的任务不会启动新线程)</param>
    ///<returns></returns>
    public async Task<TEntity> InsertAsync(TEntity entity, bool autoSave = false,
CancellationToken cancellationToken = default)
    {
        var savedEntity = (await _context.Set<TEntity>().AddAsync(entity, cancel-
lationToken)).Entity;

        if (autoSave)
        {
            await _context.SaveChangesAsync(cancellationToken);
        }

        return savedEntity;
    }

    ///<summary>
    /// 功能描述:批量插入实体
    ///</summary>
    ///<param name = "entities"> 实体类集合</param>
    ///<param name = "autoSave"> 是否马上更新到数据库</param>
    ///<param name = "cancellationToken"> 取消令牌(当 CancellationToken 是取消状态,Task
内部未启动的任务不会启动新线程)</param>
    ///<returns></returns>
```

```
        public async Task InsertManyAsync(IEnumerable<TEntity> entities, bool autoSave
= false, CancellationToken cancellationToken = default)
        {
            var entityArray = entities.ToArray();

            await _context.Set<TEntity>().AddRangeAsync(entityArray, cancellationToken);

            if (autoSave)
            {
                await _context.SaveChangesAsync(cancellationToken);
            }
        }
        /// <summary>
        /// 功能描述:更新实体数据
        /// </summary>
        /// <param name = "entity">实体类</param>
        /// <param name = "autoSave">是否马上更新到数据库</param>
        /// <param name = "cancellationToken">取消令牌(当 CancellationToken 是取消状态,Task
内部未启动的任务不会启动新线程)</param>
        /// <returns></returns>
        public async Task<TEntity> UpdateAsync(TEntity entity, bool autoSave = false,
CancellationToken cancellationToken = default)
        {
            // Attach 是将一个处于 Detached 的 Entity 附加到上下文,而附加到上下文后的这一 Enti-
ty 的 State 为 UnChanged。传递到 Attach 方法的对象必须具有有效的 EntityKey 值
            _context.Attach(entity);

            var updatedEntity = _context.Update(entity).Entity;

            if (autoSave)
            {
                await _context.SaveChangesAsync(cancellationToken);
            }

            return updatedEntity;
        }


        /// <summary>
        /// 功能描述:批量更新实体
        /// </summary>
        /// <param name = "entities">实体类集合</param>
        /// <param name = "autoSave">是否马上更新到数据库</param>
        /// <param name = "cancellationToken">取消令牌(当 CancellationToken 是取消状态,Task
内部未启动的任务不会启动新线程)</param>
        /// <returns></returns>
        public async Task UpdateManyAsync(IEnumerable<TEntity> entities, bool autoSave
= false, CancellationToken cancellationToken = default)
        {
            _context.Set<TEntity>().UpdateRange(entities);

            if (autoSave)
```

```
            {
                await _context.SaveChangesAsync(cancellationToken);
            }
        }

        /// <summary>
        /// 功能描述:根据实体删除一条数据
        /// </summary>
        /// <param name = "entity">实体类</param>
        /// <param name = "autoSave">是否马上更新到数据库</param>
        /// <param name = "cancellationToken">取消令牌(当 CancellationToken 是取消状态,Task
内部未启动的任务不会启动新线程)</param>
        /// <returns></returns>
         public async Task DeleteAsync (TEntity entity, bool autoSave = false, Cancel-
lationToken cancellationToken = default)
        {
            _context.Set<TEntity> ().Remove (entity);

            if (autoSave)
            {
                await _context.SaveChangesAsync (cancellationToken);
            }
        }


        /// <summary>
        /// 功能描述:根据筛选条件删除数据
        /// </summary>
        /// <param name = "predicate">筛选条件</param>
        /// <param name = "autoSave">是否马上更新到数据库</param>
        /// <param name = "cancellationToken">取消令牌(当 CancellationToken 是取消状态,Task
内部未启动的任务不会启动新线程)</param>
        /// <returns></returns>
        public async Task DeleteAsync (Expression<Func<TEntity, bool>> predicate, bool
autoSave = false, CancellationToken cancellationToken = default)
        {
            var dbSet = _context.Set<TEntity> ();

            var entities = await dbSet
                .Where (predicate)
                .ToListAsync (cancellationToken);

            await DeleteManyAsync (entities, autoSave, cancellationToken);

            if (autoSave)
            {
                await _context.SaveChangesAsync (cancellationToken);
            }
        }
```

```
        ///<summary>
        /// 功能描述:根据实体集合删除数据
        ///</summary>
        ///<param name = "entities">实体类集合</param>
        ///<param name = "autoSave">是否马上更新到数据库</param>
        ///<param name = "cancellationToken">取消令牌(当 CancellationToken 是取消状态,Task
内部未启动的任务不会启动新线程)</param>
        ///<returns></returns>
        public async Task DeleteManyAsync(IEnumerable<TEntity> entities, bool autoSave
= false, CancellationToken cancellationToken = default)
        {
            _context.RemoveRange(entities);

            if (autoSave)
            {
                await _context.SaveChangesAsync(cancellationToken);
            }
        }


        ///<summary>
        /// 功能描述:根据筛选条件获取一条数据(如果不存在,则返回 Null)
        ///</summary>
        ///<param name = "predicate">筛选条件</param>
        ///<param name = "cancellationToken">取消令牌(当 CancellationToken 是取消状态,Task
内部未启动的任务不会启动新线程)</param>
        ///<returns></returns>
        public Task<TEntity> FindAsync(Expression<Func<TEntity, bool>> predicate, Can-
cellationToken cancellationToken = default)
        {
            return _context.Set<TEntity>().Where(predicate).SingleOrDefaultAsync(can-
cellationToken);
        }


        ///<summary>
        /// 功能描述:根据筛选条件获取一条数据(如果不存在,则抛出异常)
        ///</summary>
        ///<param name = "predicate">筛选条件</param>
        ///<param name = "cancellationToken">取消令牌(当 CancellationToken 是取消状态,Task
内部未启动的任务不会启动新线程)</param>
        ///<returns></returns>
        public async Task<TEntity> GetAsync(Expression<Func<TEntity, bool>> predicate,
CancellationToken cancellationToken = default)
        {
            var entity = await FindAsync(predicate, cancellationToken);
            // 数据不存在触发异常
            if (entity == null)
            {
                throw new Exception(nameof(TEntity) + ": 数据不存在");
            }

            return entity;
```

```
        }

        /// <summary>
        /// 功能描述:获取所有数据
        /// </summary>
        /// <param name="cancellationToken">取消令牌(当 CancellationToken 是取消状态,Task
内部未启动的任务不会启动新线程)</param>
        /// <returns></returns>
        public Task<List<TEntity>> GetListAsync(CancellationToken cancellationToken =
default)
        {
            return _context.Set<TEntity>().ToListAsync(cancellationToken);
        }


        /// <summary>
        /// 功能描述:根据筛选条件查询数据
        /// </summary>
        /// <param name="predicate">筛选条件</param>
        /// <param name="cancellationToken">取消令牌(当 CancellationToken 是取消状态,Task
内部未启动的任务不会启动新线程)</param>
        /// <returns></returns>
        public Task<List<TEntity>> GetListAsync(Expression<Func<TEntity, bool>> pred-
icate, CancellationToken cancellationToken = default)
        {
            return _context.Set<TEntity>().Where(predicate).ToListAsync(cancellation-
Token);
        }

        /// <summary>
        /// 功能描述:分页查询数据
        /// </summary>
        /// <param name="skipCount">跳过多少条</param>
        /// <param name="maxResultCount">获取多少条</param>
        /// <param name="sorting">排序字段</param>
        /// <param name="cancellationToken">取消令牌(当 CancellationToken 是取消状态,Task
内部未启动的任务不会启动新线程)</param>
        /// <returns></returns>
        public Task<List<TEntity>> GetPagedListAsync(int skipCount, int maxResult-
Count, string sorting,
            CancellationToken cancellationToken = default)
        {
            // nuget System.Linq.Dynamic.Core
            return _context.Set<TEntity>().OrderBy(sorting).Skip(skipCount).Take(max-
ResultCount).ToListAsync(cancellationToken);
        }


        /// <summary>
        /// 功能描述:获取总共多少条数据
        /// </summary>
```

```
///<param name = "cancellationToken">取消令牌(当 CancellationToken 是取消状态,Task
内部未启动的任务不会启动新线程)</param>
///<returns></returns>
public Task<long> GetCountAsync(CancellationToken cancellationToken = default)
{
    return _context.Set<TEntity>().LongCountAsync(cancellationToken);
}


///<summary>
/// 功能描述:根据条件获取筛选数据条数
///</summary>
///<param name = "predicate">筛选条件</param>
///<param name = "cancellationToken">取消令牌(当 CancellationToken 是取消状态,Task
内部未启动的任务不会启动新线程)</param>
///<returns></returns>
 public Task<long> GetCountAsync(Expression<Func<TEntity, bool>> predicate,
CancellationToken cancellationToken = default)
    {
        return _context.Set<TEntity>().Where(predicate).LongCountAsync(cancel-
lationToken);
    }
}
```

同样在 SwiftCode. BBS. Repositories 层中，将其他的接口继承 BaseRepository，如图 6-2 所示。

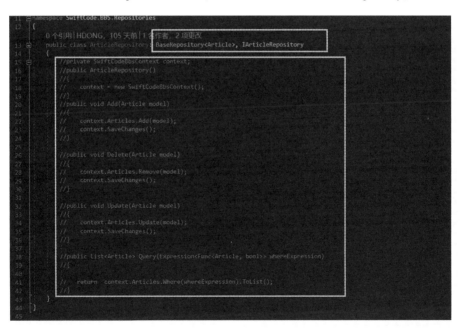

● 图 6-2　Article 仓储实现

6.3　设计应用服务层基类与基接口

同样在 SwiftCode. BBS. IServices 和 SwiftCode. BBS. Services 层中，分别添加接口和实现基类，

目前 Services 和 Repository 提供的方法是一一对应的，这里提供一个示例，请大家自己补全。

```
/// <summary>
/// 服务层基类接口
/// </summary>
/// <typeparam name="TEntity"></typeparam>
public interface IBaseServices<TEntity> where TEntity : class
{
    /// <summary>
    /// 功能描述:添加实体数据
    /// </summary>
    /// <param name="entity">实体类</param>
    /// <param name="autoSave">是否马上更新到数据库</param>
    /// <param name="cancellationToken">取消令牌(当 CancellationToken 是取消状态,Task
内部未启动的任务不会启动新线程)</param>
    /// <returns></returns>
    Task<TEntity> InsertAsync(TEntity entity, bool autoSave = false, Cancellation-
Token cancellationToken = default);

    /// <summary>
    /// 功能描述:批量插入实体
    /// </summary>
    /// <param name="entities">实体类集合</param>
    /// <param name="autoSave">是否马上更新到数据库</param>
    /// <param name="cancellationToken">取消令牌(当 CancellationToken 是取消状态,Task
内部未启动的任务不会启动新线程)</param>
    /// <returns></returns>
    Task InsertManyAsync(IEnumerable<TEntity> entities, bool autoSave = false, Can-
cellationToken cancellationToken = default);

// ......
}

/// <summary>
/// 服务层基类实现
/// </summary>
/// <typeparam name="TEntity"></typeparam>
public class BaseServices<TEntity> : IBaseServices<TEntity> where TEntity : class,
new()
{
    public IBaseRepository<TEntity> _baseRepository = new BaseRepository<TEntity>();

    /// <summary>
    /// 功能描述:添加实体数据
    /// </summary>
    /// <param name="entity">实体类</param>
    /// <param name="autoSave">是否马上更新到数据库</param>
    /// <param name="cancellationToken">取消令牌(当 CancellationToken 是取消状态,Task 内
部未启动的任务不会启动新线程)</param>
    /// <returns></returns>
    public async Task<TEntity> InsertAsync(TEntity entity, bool autoSave = false,
CancellationToken cancellationToken = default)
```

```
        {
            return await _baseRepository.InsertAsync(entity, autoSave, cancellationToken);
        }

        ///<summary>
        /// 功能描述:批量插入实体
        ///</summary>
        ///<param name = "entities">实体类集合</param>
        ///<param name = "autoSave">是否马上更新到数据库</param>
        ///<param name = "cancellationToken">取消令牌(当 CancellationToken 是取消状态,Task
内部未启动的任务不会启动新线程)</param>
        ///<returns></returns>
        public async Task InsertManyAsync(IEnumerable<TEntity> entities, bool autoSave
= false, CancellationToken cancellationToken = default)
        {
            await _baseRepository.InsertManyAsync(entities, autoSave, cancellationToken);
        }

    // ......
        }
```

IBaseServices 和 BaseServices 修改完成后,同步修改 IArticleService 和 ArticleService,如图 6-3
和图 6-4 所示。

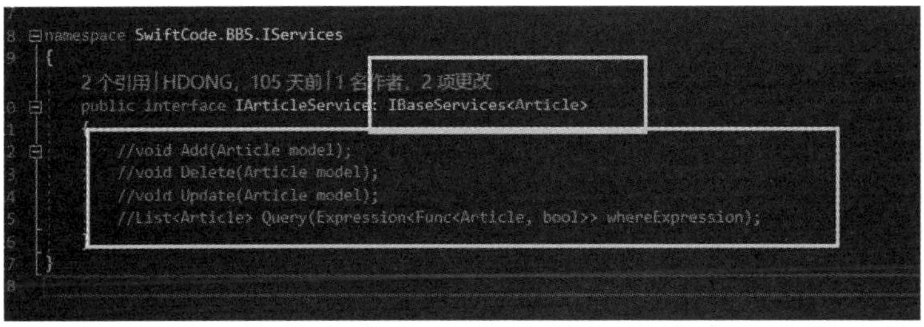

● 图 6-3　IArticle 服务接口

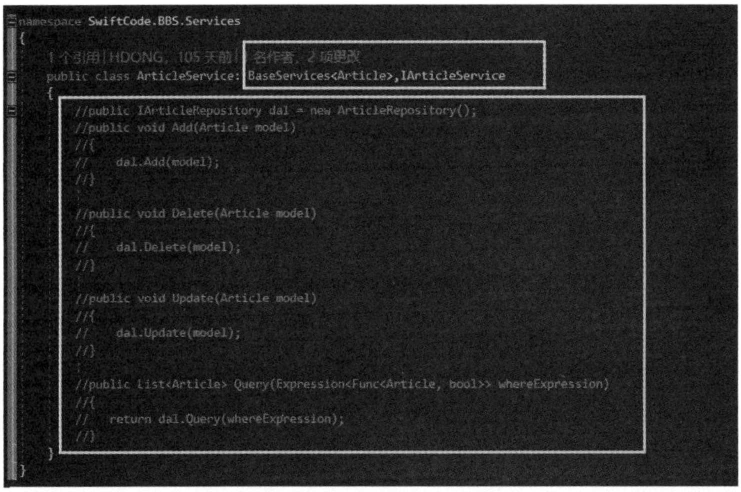

● 图 6-4　Article 服务实现

6.4 运行项目，并调试接口

```
/// <summary>
    /// 根据 Id 查询文章
    /// </summary>
    /// <param name = "id"></param>
    /// <returns></returns>
    [HttpGet("{id}", Name = "Get")]
    public async Task<List<Article>> Get(int id)
    {
        IArticleService articleServices = new ArticleService();

        return await articleServices.GetListAsync(d => d.Id == id);
    }
```

Http 返回 200，一切正常，如图 6-5 所示。

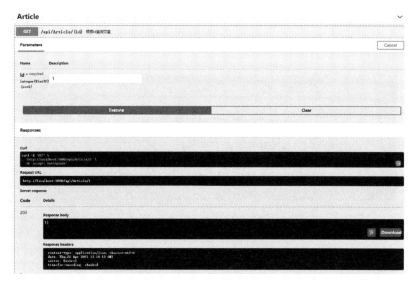

● 图 6-5 调用 Article 获取接口

6.5 小结

学完本章，你会了解到以下知识点：

如何在仓储模式中使用泛型基类。

依赖注入 IoC 与 AutoMap

7.1 依赖注入

首先，需要了解一下什么是控制反转 IoC。举个例子，之前在开发简单商城的时候，其中订单模块有订单表、订单详情表，而且订单详情表中还有商品信息表，商品信息表还关联了价格规格表，或者其他的物流信息、商家信息等。当然，这些可以放到一个大表里，但是你一定不会这么做，因为它太庞大了，所以必须分表，那么必定会出现类中套类的局面，这就是依赖，比如订单表依赖详情表，在实例化订单实体类的时候，也需要手动实例详情表，当然，在 EF 框架中会自动生成。不过倘若有一个开发人员把详情表实体类改错了，那么订单表就崩溃了，如图 7-1 所示。

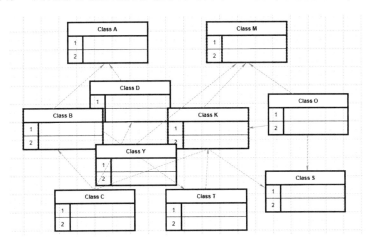

● 图 7-1　不合理的设计

怎样解决这个问题呢，于是就出现了控制反转。

没有引入 IoC 之前，对象 A 依赖于对象 B，那么对象 A 在初始化或者运行到某一点的时候，A 直接使用 new 关键字创建 B 的实例，程序高度耦合，效率低下，无论是创建，还是使用 B 对象，控制权都在自己手上。

软件系统在引入 IoC 容器之后，这种情况就完全改变了，由于 IoC 容器的加入，对象 A 与对象 B 之间失去了直接联系，所以当对象 A 运行到需要对象 B 的时候，IoC 容器会主动创建一个对象 B，注入对象 A 需要的地方。

依赖注入，是指程序运行过程中，如果需要调用另一个对象协助时，无须在代码中创建被调用者，而是依赖于外部的注入。Spring 的依赖注入对调用者和被调用者几乎没有任何要求，完全实现对类对象之间依赖关系的管理。依赖注入通常有两种：设值注入、构造注入。

这个就是依赖注入的方式。

7.2 什么是控制反转（IoC）

控制反转 Inversion of Control，英文缩写为 IoC，它不是什么技术，而是一种设计思想。

简单来说就是把复杂系统分解成相互合作的对象，这些对象类通过封装后，内部实现对外部是透明的，从而降低了解决问题的复杂度，而且可以灵活地被重用和扩展。IoC 理论提出的观点大体是这样的：借助于 "第三方" 实现具有依赖关系的对象之间的解耦，如图 7-2 所示。

由于引进了中间位置的 "第三方"，也就是 IoC 容器，使得 A、B、C、D 这 4 个对象没有了耦合关系，齿轮之间的传动全部依靠 "第三方"，对象的控制权全部上缴给 "第三方" IoC 容器，所以 IoC 容器成了整个系统的关键核心，它起到了一种类似 "黏合剂" 的作用，把系统中的所有对象黏合在一起发挥作用，如果没有这个 "黏合剂"，对象与对象之间会彼此失去联系，这就是有人把 IoC 容器比喻成 "黏合剂" 的由来。

我们再来做个试验：把上图中间的 IoC 容器拿掉，然后来看看这套系统，如图 7-3 所示。

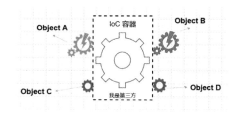

● 图 7-2　加入 IoC 容器　　　　　　● 图 7-3　拿掉 IoC 容器

现在看到的画面，就是我们要实现整个系统所需要完成的全部内容。这时候，A、B、C、D 这 4 个对象之间已经没有了耦合关系，彼此毫无联系，当在实现 A 的时候，根本无须再去考虑 B、C 和 D 了，对象之间的依赖关系已经降低到了最低程度。如果真能实现 IoC 容器，对于系统开发而言，这将是一件多么美好的事情，参与开发的每一位成员只要实现自己的类就可以了，跟别人没有任何关系。

7.3 依赖注入的理解和思考

如果想准确理解依赖注入，可以从以下几个方面入手：

项目之间引用是如何起作用的，比如为什么 API 层只是引用了 Service 层？为什么也能使用 Repository 和 Model 等多层的类？

项目在启动的时候，也就是运行时，是如何动态获取和访问每一个对象的实例的？也就是 new 关键字的原理。

项目中有 n 个类，对应 m 个实例等，那么这些服务都放在了哪里？肯定每一个项目都有专属于自己的一块内存。如果项目不启动，内存里肯定是没有这些服务的。有如下几个问题可以思考：

使用接口（面向抽象）的好处是什么？

在项目后期，如果需要全部修改接口的实现类，该怎么办，比如想把 IA = new A( )；全部改成 IA = new B( )。

反射的重要性，为什么要用到反射 dll ？

说到依赖，网上有一个例子，依赖注入和工厂模式中的相似和不同：

在原始社会里，没有社会分工。需要斧子的人（调用者）仅仅能自己去磨一把斧子（被调用者）。相应的情况为：软件程序里的调用者自己创建被调用者。

进入工业社会，出现了工厂。斧子不再由普通人创造，而是在工厂里被生产出来，此时需要斧子的人（调用者）找到工厂，购买斧子，无须关心斧子的制造过程。相应的情况为：软件程序的简单工厂的设计模式。

进入"按需分配"社会，需要斧子的人不需要找到工厂，坐在家里发出一个简单指令：需要斧子，于是斧子就自然出现在他面前。

对接口编程，不针对实现编程，这间接符合了 LSPF 和 Design by Contract 理论，在功能上也符合了 ISP，区别在于抽象工厂模式只是部分满足了 DIP，因为它未满足高层模块，不应该依赖于低层模块，二者都应该依赖于抽象，换言之，在相关高层模块中还有抽象工厂的存在，就是依然存在耦合。

解耦是最终目的，但实际情况是不可能消除耦合。IoC or DI 这个思想借鉴了硬件设计，将耦合转移了，从而变相地将模块之间的耦合消除了，并将模块之间的耦合转移到了模块与容器之间，从而使 Ioc or Di 完全满足了 DIP。

其实只要是见到这种情况，就是存在依赖：

```
public class A : D
{

    public A(B b)
    {
        // do something
    }
    C c = new C();
}
```

使用依赖注入，有以下优点：

（1）传统的代码，每个对象负责管理与自己需要依赖的对象，导致如果需要切换依赖对象的实现类时，需要修改多处地方。同时，过度耦合也使得对象难以进行单元测试。

（2）依赖注入把对象的创造交给外部去管理，很好地解决了代码紧耦合（Tight Couple）的问题，是一种让代码实现松耦合（Loose Couple）的机制。

（3）松耦合让代码更具灵活性，能更好地应对需求变动，以及方便单元测试。

说到这里，来举个实际的例子。我们平时在食堂吃饭，都是食堂的厨师炒的菜，就算是配方都一样，控制者（厨师）还是会有些变化，或者是出错，但是稻香村这种由总店提供的食品，店面就失去了对产品的控制，就出现了第三方（总店或者代工厂等），这就是实现了控制反转，统一产品入口，所有店面的产品都是一样的。

7.4　常见的 IoC 框架

其实 .Net Core 有自己轻量级的 IoC 框架，ASP.NET Core 本身已经集成了一个轻量级的 IoC 容器，开发者只需要定义好接口，在 Startup.cs 的 ConfigureServices 方法里使用对应生命周期的绑定方法即可，常见的方法如下：

services.AddTransient<IApplicationService, ApplicationService> 服务在每次请求时被创建，它最好被用于轻量级无状态服务（如我们的 Repository 和 ApplicationService 服务）。

services.AddScoped<IApplicationService, ApplicationService> 服务在每次请求时被创建，生命周期横贯这次请求。

services.AddSingleton<IApplicationService, ApplicationService> Singleton（单例）服务在第一次请求时被创建（或者当我们在 ConfigureServices 中指定创建某一个实例并运行方法），其后的每次请求将沿用已创建的服务。如果开发者的应用需要单例服务情景，请设计成允许服务容器来对服务生命周期进行操作，而不是手动实现单例设计模式，然后由开发者在自定义类中进行操作。

当然 .Net Core 自身的容器还是比较简单的，如果想要更多的功能和扩展，还是需要使用上面的框架的。

几种注入的生命周期如下：

权重 AddSingleton 中的 AddTransient 中的 AddScoped：

AddSingleton 的生命周期：项目启动直至项目关闭，相当于静态类，只会有一个。

AddScoped 的生命周期：请求开始到请求结束，在这次请求中获取的对象都是同一个。

AddTransient 的生命周期：请求获取（GC 回收-主动释放）每一次获取的对象都不是同一个。

这里来看一个简单的 Demo：

定义 4 个接口，并分别对其各自接口实现，目的是测试 Singleton、Scope、Transient，以及最后的 Service 服务。

```
public interface ISingTest
    {
        int Age { get; set; }
```

```
        string Name { get; set; }
    }
public class SingTest: ISingTest
{
    public int Age { get; set; }
    public string Name { get; set; }
}


//-------------------------

public interface ISconTest
{
    int Age { get; set; }
    string Name { get; set; }
}
public class SconTest: ISconTest
{
    public int Age { get; set; }
    public string Name { get; set; }
}


//-------------------------
public interface ITranTest
{
    int Age { get; set; }
    string Name { get; set; }
}
public class TranTest: ITranTest
{
    public int Age { get; set; }
    public string Name { get; set; }
}


//-----------------------
public interface IAService
{
    void RedisTest();
}

public class AService : IAService
{
    private ISingTest sing; ITranTest tran; ISconTest scon;
    public AService(ISingTest sing, ITranTest tran, ISconTest scon)
    {
        this.sing = sing;
        this.tran = tran;
        this.scon = scon;
    }
    public void RedisTest()
    {
```

```
        }
    }
```

项目注入

```csharp
public void ConfigureServices(IServiceCollection services)
{
    services.AddTransient<ITranTest, TranTest>();
    services.AddSingleton<ISingTest, SingTest>();
    services.AddScoped<ISconTest, SconTest>();
    services.AddScoped<IAService, AService>();
}
```

控制器调用

```csharp
    privateI SingTest sing; ITranTest tran; ISconTest scon; IAService aService;
    public ValuesController(ISingTest sing, ITranTest tran, ISconTest scon, IAService aSer-
vice)
    {
        this.sing = sing;
        this.tran = tran;
        this.scon = scon;
        this.aService = aService;
    }


    // GET api/values
    [HttpGet]
    public ActionResult<IEnumerable<string>> SetTest()
    {
        sing.Age = 18;
        sing.Name = "小红";

        tran.Age = 19;
        tran.Name = "小明";

        scon.Age = 20;
        scon.Name = "小蓝";

        aService.RedisTest();


        return new string[] { "value1", "value2" };
    }
    // GET api/values/5
    [HttpGet("{id}")]
    public ActionResult<string> Get(int id)
    {
        return "value";
    }
```

开始测试三种注入方法出现的情况。

请求 SetTest，GET api/values，如图 7-4 和图 7-5 所示。

AddSingleton 的对象没有变；

AddScoped 的对象没有变化；

AddTransient 的对象发生变化。

请求 GET api/values/5，如图7-6 所示。

AddSingleton 的对象没有变；

AddScoped 的对象发生变化。

● 图 7-4　请求 SetTest

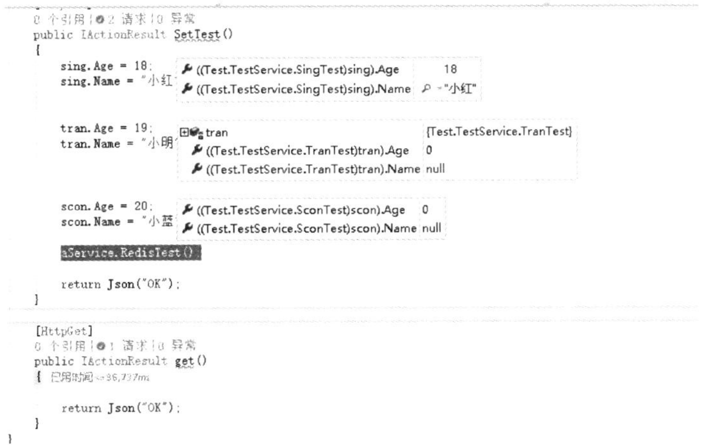

● 图 7-5　请求 GET api/values

● 图 7-6　再次请求 GET api/values/5

AddTransient 的对象发生变化。

由于 AddScoped 对象是在请求的时候创建的，所以不能在 AddSingleton 对象中使用，甚至也不能在 AddTransient 对象中使用，所以权重为 AddSingleton => AddTransient => AddScoped，否则会出现如下异常，如图 7-7 所示。

An unhandled exception occurred while processing the request.

InvalidOperationException: Cannot consume scoped service 'Test.TestService.ISconTest' from singleton 'Test.TestService.ISingTest'.

Microsoft.Extensions.DependencyInjection.ServiceLookup.CallSiteValidator.VisitScoped(ScopedCallSite scopedCallSite, CallSiteValidatorState state)

● 图 7-7　注入依赖错误

7.5　较好用的 IoC 框架使用——Autofac

首先要明白，我们是要注入 Controller API 层。在接口调用的时候，如果需要其中的方法，则需要 using 两个命名空间。

```
[HttpGet("{id}", Name = "Get")]
public async Task<List<Article>> Get(int id)
{
    IArticleService articleServices = new ArticleService();//需要引用两个命名空间 Swift-
Code.BBS.IServices;SwiftCode.BBS.Services;
    return await articleServices.GetListAsync(d => d.Id == id);
}
```

使用 Autofac 接管 ConfigureServices，新建类库 SwiftCode. BBS. Extensions，通过 NuGet 安装 Autofac. Extras. DynamicProxy 和 Autofac. Extensions. DependencyInjection，添加项目引用，加入 Swift-Code. BBS. IServices 和 SwiftCode. BBS. Services，新建 ServiceExtensions 文件夹，完成 AutofacModul-eRegister. cs 代码，这个时候就把 ArticleService 的 new 实例化过程注入了 Autofac 容器中，此时前边的是实现类，后边的是接口，顺序不要搞混了。

```
namespace SwiftCode.BBS.Extensions.ServiceExtensions
{
    public class AutofacModuleRegister: Autofac.Module
    {
        protected override void Load(ContainerBuilder builder)
        {
            builder.RegisterType<ArticleService>().As<IArticleService>();

        }
    }
}
```

在 SwiftCode. BBS. API 中调整引用结构，移除 SwiftCode. BBS. IServices 和 SwiftCode. BBS. Services 类库引用，添加 SwiftCode. BBS. Extensions 类库引用，如图 7-8 所示，然后在 Program. cs 中新增一行代码。

```
public static IHostBuilder CreateHostBuilder(string[] args) =>
        Host.CreateDefaultBuilder(args)
            .UseServiceProviderFactory(new AutofacServiceProviderFactory()) // Auto-
fac服务工厂
            .ConfigureWebHostDefaults(webBuilder =>
            {
                webBuilder.UseStartup<Startup>();
            });
```

然后在 Startup. cs 中增加方法。

```
public void ConfigureContainer(ContainerBuilder builder)
    {
        builder.RegisterModule<AutofacModuleRegister>();
    }
```

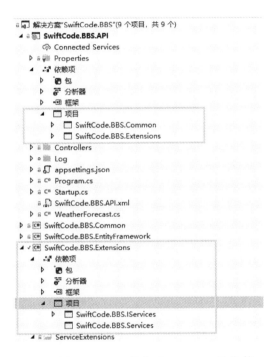

● 图 7-8　API 层和 Extensions 层依赖

依赖注入有三种方式（构造方法注入、Setter 方法注入和接口方式注入），我们平时基本是使用其中的构造方法注入，修改 ArticleController 控制器，添加构造函数，并在方法中去掉实例化过程。

```
[Route("api/[controller]")]
    [ApiController]
    public class ArticleController : ControllerBase
    {
        private readonly IArticleService _articleServices;

        public ArticleController(IArticleService articleServices)
```

```
        {
            _articleServices = articleServices;
        }

        ///<summary>
        /// 根据 Id 查询文章
        ///</summary>
        ///<param name="id"></param>
        ///<returns></returns>
        [HttpGet("{id}", Name = "Get")]
        public async Task<List<Article>> Get(int id)
        {
            return await _articleServices.GetListAsync(d => d.Id == id);
        }
    }
```

在运行调试时，发现在断点刚进入的时候，接口已经被实例化了，达到了注入的目的，如图 7-9 所示。

● 图 7-9   注入接口

使用 NetCore 自带的注入实现效果。

当然用 ASP.NET Core 自带的注入方式也是可以的，这里先说一下使用方法：

先临时注销掉 Autofac 的配置：

```
protected override void Load(ContainerBuilder builder)
        {
            //  builder.RegisterType<ArticleService>().As<IArticleService>();


        }
```

然后在 Startup 的 ConfigureServices 中新增代码。

```
public void ConfigureServices(IServiceCollection services)
        {

            services.AddControllers();
            services.AddSingleton(new Appsettings(Configuration));
            services.AddScoped<IArticleService, ArticleService>();
        }
```

这时候，我们发现已经成功注入了，而且特别简单，那么为什么还要使用 Autofac 这种第三方扩展呢？我们想一想，上边仅仅是注入了一个 Service，但是实际项目中有非常多的类，都要一个个手动添加，所以要使用 Autofac。

7.6 整个 dll 程序集批量注入

先对原引用进行解耦。

将 SwiftCode. BBS. Services 项目层引用改为 SwiftCode. BBS. IRepositories 和 SwiftCode. BBS. IServices，并修改 BaseServices 和 ArticleService。

```
public class BaseServices<TEntity> : IBaseServices<TEntity> where TEntity : class, new
()
    {
        public IBaseRepository<TEntity> _baseRepository;

        public BaseServices(IBaseRepository<TEntity> baseDal)
        {
            _baseRepository = baseDal;
        }
        // ...
    }
    public class ArticleService: BaseServices<Article>,IArticleService
    {
        public ArticleService(IArticleRepository dal):base(dal)
        {

        }
        // ...
    }
```

将 SwiftCode. BBS. Extensions 项目引用改为 SwiftCode. BBS. Scrvices 层和 SwiftCode. BBS. Repositories，修改 AutofacModuleRegister 通过反射将 SwiftCode. BBS. Services 和 SwiftCode. BBS. Repositories 两个程序集的全部方法注入：

```
protected override void Load(ContainerBuilder builder)
    {
        // builder.RegisterType<ArticleService>().As<IArticleService>();
        var assemblysServices = Assembly.Load("SwiftCode.BBS.Services");//要记得!!!
这个注入的是实现类层,不是接口层! 不是 IServices。
         builder.RegisterAssemblyTypes(assemblysServices).AsImplementedInterfaces
();//在 Load 方法中,指定要扫描的程序集的类库名称,这样系统会自动把该程序集中所有的接口和实现类注册
到服务中。
        var assemblysRepository = Assembly.Load("SwiftCode.BBS.Repositories");//模
式是 Load(解决方案名)。
        builder.RegisterAssemblyTypes(assemblysRepository).AsImplementedInterfaces
();

    }
```

启动调试测试接口，如图 7-10 所示。

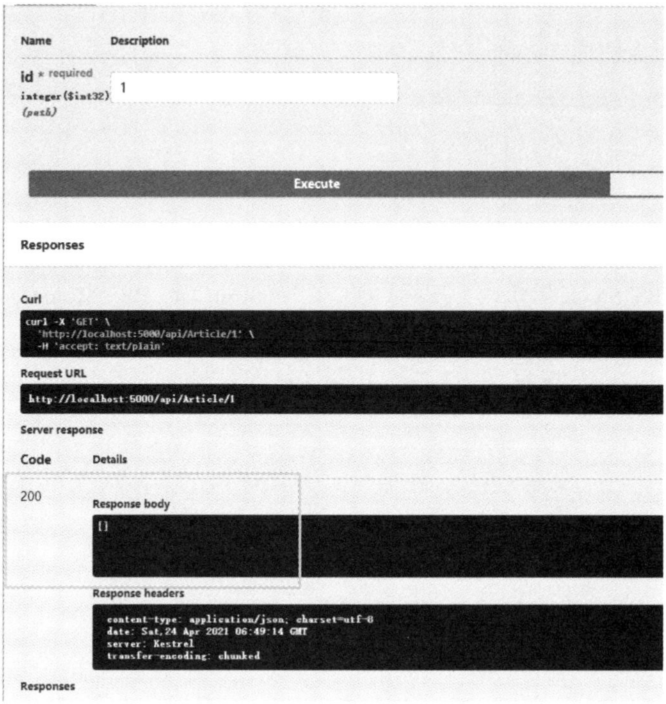

● 图 7-10   测试接口调用

将类库 SwiftCode. BBS. Extensions 的修改项目引用为 SwiftCode. BBS. IServices 和 SwiftCode. BBS. IRepositories。

```
public class AutofacModuleRegister:Autofac.Module
    {
        protected override void Load(ContainerBuilder builder)
        {
            var basePath = AppContext.BaseDirectory;

            // builder.RegisterType<ArticleService>().As<IArticleService>();

                //var assemblysServices = Assembly.Load("SwiftCode.BBS.Services");//要记
得!!! 这个注入的是实现类层,不是接口层! 不是 IServices。
                //builder.RegisterAssemblyTypes(assemblysServices).AsImplementedInterfaces
();//指定已扫描程序集中的类型注册为提供所有其实现的接口。
                //var assemblysRepository = Assembly.Load("SwiftCode.BBS.Repositories");//
模式是 Load(解决方案名)。
                //builder.RegisterAssemblyTypes(assemblysRepository).AsImplementedInterfaces
();

            var servicesDllFile = Path.Combine(basePath, "SwiftCode.BBS.Services.dll");
            var repositoryDllFile = Path.Combine(basePath, "SwiftCode.BBS.Repositories.dll");
            if (! (File.Exists(servicesDllFile) && File.Exists(repositoryDllFile)))
            {
```

```
            var msg = "Repositories.dll 和 Services.dll 丢失。";
            throw new Exception(msg);
        }
        var assemblysServices = Assembly.LoadFrom(servicesDllFile);
        builder.RegisterAssemblyTypes(assemblysServices).AsImplementedInterfaces();

        var assemblysRepository = Assembly.LoadFrom(repositoryDllFile);
        builder.RegisterAssemblyTypes(assemblysRepository).AsImplementedInterfaces();

        }
    }
```

将 SwiftCode. BBS. Services 层和 SwiftCode. BBS. Repositories 层项目生成地址改成相对路径 \SwiftCode. BBS. API\bin\Debug\，重新生成项目，这里请注意看其他类库版本是不是 5.0。因为 SwiftCode. BBS. API 是 5.0 项目，如果其他类库不是 5.0，会无法将 dll 生成在正确的路径下，如图 7-11 所示。

● 图 7-11　修改 dll 输出路径

这个时候启动项目调用接口会发现报错，这是因为 EntityFrameworkCore 和 DbContext 都被我们写在了 SwiftCode. BBS. IRepositories 层，现在它们没有了依赖关系，就会因为找不到而无法注入，如图 7-12 所示。

● 图 7-12　无法找到 DbContext

新增类库 SwiftCode. BBS. EntityFramework 添加项目引用 SwiftCode. BBS. Model，将 Swift-Code. BBS. IRepositories 层引用的 EntityFrameworkCore 包和 DbContext 移动到 SwiftCode. BBS. Entity-Framework 层下，记得修改命名空间，然后 SwiftCode. BBS. Repositories 和 SwiftCode. BBS. Extensions 引用 SwiftCode. BBS. EntityFramework，这样就成功将持久化分离出来了，修改 SwiftCode. BBS. Repositories 的 BaseRepository 和 ArticleRepository 通过构造函数注入并获取 SwiftCodeBbsContext。

```
namespaceSwiftCode.BBS.Repositories.BASE
{
    public class BaseRepository < TEntity > : IBaseRepository < TEntity > where TEntity :
class, new()
    {
        private SwiftCodeBbsContext _context;;
        public BaseRepository(SwiftCodeBbsContext context)
        {
            _context   = context;
        }
    }
}
    public class ArticleRepository: BaseRepository<Article>, IArticleRepository
    {
        public ArticleRepository(SwiftCodeBbsContext context) : base(context)
        {

        }
    }
```

运行项目，如图 7-13 所示。

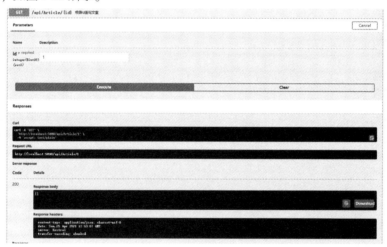

● 图 7-13　运 行 测 试

7.7　小结

学完本章，你会了解到以下知识点：

（1）依赖注入 IoC 在项目中的使用；

（2）各层之间如何实现解耦。

▶▶▶▶▶▶▷

实战：站点业务接口设计

8.1 介绍

我们来实现一个简单的 BBS 论坛系统，业务功能包含文章、问答两个主要板块，外加一个用户板块，如图 8-1 所示。

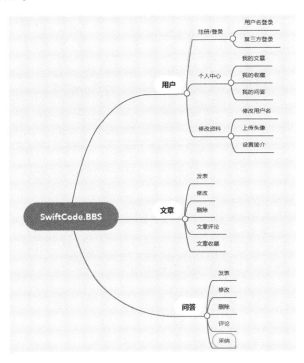

● 图 8-1　功能简介

8.2 创建模型

根据上面的功能要求，我们来分析一下需要创建哪些模型，在类库 SwiftCode. BBS. Model 的

Models 文件夹中创建模型，如图 8-2 所示。

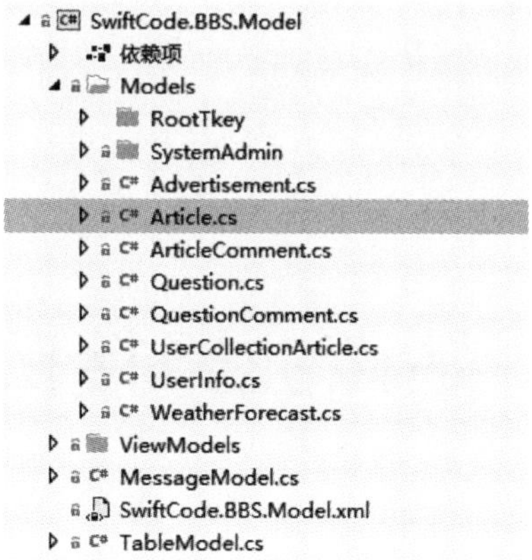

● 图 8-2　创建模型

先创建一个 RootEntityTkey 类，用来作为 Entity 的主键。

```
public class RootEntityTkey<Tkey> where Tkey : IEquatable<Tkey>
{
    ///<summary>
    /// ID
    /// 泛型主键 Tkey
    ///</summary>
    public Tkey Id { get; set; }



}
```

创建业务实体 UserInfo、UserCollectionArticle、Article、ArticleComment、Question、QuestionComment、Advertisement，代码如下：https://github.com/SpringFarSoft/SwiftCode.BBS/tree/main/SwiftCode.BBS.Model/Models/

```
///<summary>
/// 用户表
///</summary>
public class UserInfo : RootEntityTkey<int>
{
    ///<summary>
    /// 用户名
    ///</summary>
    public string UserName { get; set; }
    ///<summary>
    /// 登录账号
    ///</summary>
    public string LoginName { get; set; }
    ///<summary>
    /// 登录密码
    ///</summary>
    public string LoginPassWord { get; set; }
```

```
///<summary>
/// 手机号
///</summary>
public string Phone { get; set; }
///<summary>
/// 个人介绍
///</summary>
public string Introduction { get; set; }
///<summary>
/// 邮箱
///</summary>
public string Email { get; set; }
///<summary>
/// 头像
///</summary>
public string HeadPortrait { get; set; }
///<summary>
/// 创建时间
///</summary>
public DateTime CreateTime { get; set; }
}
```

在 SwiftCode. BBS. Model 层下新建 ViewModels 文件夹，用于创建 Dto 数据传输对象，下面专门对数据传输对象进行讲解。

UserInfoDto、UserInfoDetailsDto、CreateUserInfoInputDto、UpdateUserInfoInputDto 的代码如下：https://github. com/SpringFarSoft/SwiftCode. BBS/tree/main/SwiftCode. BBS. Model/ViewModels/UserInfo/

```
public class UserInfoDto : EntityTKeyDto<int>
  {

    ///<summary>
    /// 用户名
    ///</summary>
    public string UserName { get; set; }
    ///<summary>
    /// 头像
    ///</summary>
    public string HeadPortrait { get; set; }
    ///<summary>
    /// 文章数量
    ///</summary>
    public long ArticlesCount { get; set; }
    ///<summary>
    /// 问答数量
    ///</summary>
    public long QuestionsCount { get; set; }

  }
```

ArticleDto、ArticleDetailsDto、CreateArticleInputDto、UpdateArticleInputDto、ArticleCommentDto、CreateArticleCommentsInputDto 的代码如下：https://github.com/SpringFarSoft/SwiftCode.BBS/tree/main/SwiftCode.BBS.Model/ViewModels/Article

```csharp
public class ArticleDto: EntityTKeyDto<int>
{
    /// <summary>
    /// 标题
    /// </summary>
    public string Title { get; set; }
    /// <summary>
    /// 封面
    /// </summary>
    public string Cover { get; set; }
    /// <summary>
    /// 内容
    /// </summary>
    public string Content { get; set; }
    /// <summary>
    /// 类别
    /// </summary>
    public string Tag { get; set; }
    /// <summary>
    /// 创建时间
    /// </summary>
    public DateTime CreateTime { get; set; }
    /// <summary>
    /// 创建用户
    /// </summary>
    public int CreateUserId { get; set; }
    /// <summary>
    /// 用户名
    /// </summary>
    public string UserName { get; set; }
    /// <summary>
    /// 头像
    /// </summary>
    public string HeadPortrait { get; set; }

}
```

QuestionDto、QuestionDetailsDto、CreateQuestionInputDto、UpdateQuestionInputDto、Question-CommentDto、CreateQuestionCommentsInputDto 的代码如下：https://github.com/SpringFarSoft/Swift-Code.BBS/tree/main/SwiftCode.BBS.Model/ViewModels/Question

```csharp
public class QuestionDto : EntityTKeyDto<int>
{

    /// <summary>
    /// 标题
```

```
        ///</summary>
        public string Title { get; set; }
        ///<summary>
        /// 类别
        ///</summary>
        public string Tag { get; set; }
        ///<summary>
        /// 创建时间
        ///</summary>
        public DateTime CreateTime { get; set; }
        ///<summary>
        /// 创建用户
        ///</summary>
        public int CreateUserId { get; set; }


        ///<summary>
        /// 问答数量
        ///</summary>
        public int QuestionCommentCount { get; set; }


    }
```

全部创建完成后，如图 8-3 所示。

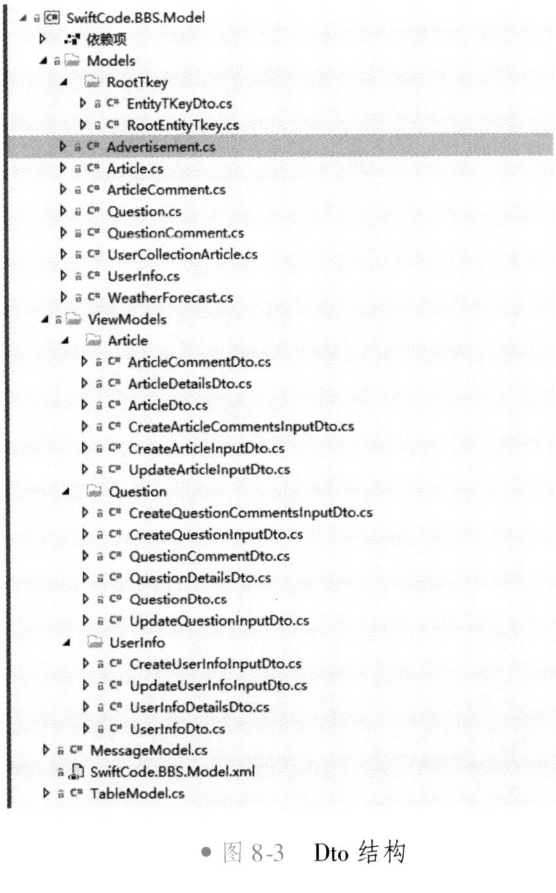

● 图 8-3　Dto 结构

8.3 配置上下文

在 Code First 方法中，我们可以通过 Fluent API 的方式来处理实体与数据表之间的映射关系。要使用 Fluent API，必须在构造自定的 DbContext 时重写 OnModelCreating 方法，在此方法内部调用 Fluent API。

```csharp
public class SwiftCodeBbsContext : DbContext
{
    public SwiftCodeBbsContext(DbContextOptions<SwiftCodeBbsContext> options)
        : base(options)
    {
    }
    public DbSet<UserInfo> UserInfos { get; set; }

    public DbSet<Article> Articles { get; set; }

    public DbSet<Question> Questions { get; set; }

    public DbSet<ArticleComment> ArticleComments { get; set; }

    public DbSet<QuestionComment> QuestionComments { get; set; }

    public DbSet<Advertisement> Advertisements { get; set; }


    protected override void OnModelCreating(ModelBuilder modelBuilder)
    {
        // 用户
        var userInfoCfg = modelBuilder.Entity<UserInfo>();
        userInfoCfg.Property(p => p.UserName).HasMaxLength(64);
        userInfoCfg.Property(p => p.LoginName).HasMaxLength(64);
        userInfoCfg.Property(p => p.LoginPassWord).HasMaxLength(128);
        userInfoCfg.Property(p => p.Phone).HasMaxLength(16);
        userInfoCfg.Property(p => p.Introduction).HasMaxLength(512);
        userInfoCfg.Property(p => p.Email).HasMaxLength(64);
        // userInfoCfg.Property(p => p.HeadPortrait).HasMaxLength(1024);
        userInfoCfg.Property(p => p.CreateTime).HasColumnType("datetime2");


        // 文章
        var articleCfg = modelBuilder.Entity<Article>();
        articleCfg.Property(p => p.Title).HasMaxLength(128);
        articleCfg.Property(p => p.Content).HasMaxLength(2048);
        articleCfg.Property(p => p.Taq).HasMaxLength(128);
        articleCfg.Property(p => p.CreateTime).HasColumnType("datetime2");
```

```
            articleCfg.HasOne(p => p.CreateUser).WithMany().HasForeignKey(p => p.Crea-
teUserId).OnDelete(DeleteBehavior.Restrict); ;
            articleCfg.HasMany(p =>p.CollectionArticles).WithOne().HasForeignKey(p =>
p.ArticleId).OnDelete(DeleteBehavior.Cascade);
            articleCfg.HasMany(p => p.ArticleComments).WithOne(p => p.Article).HasFor-
eignKey(p => p.ArticleId).OnDelete(DeleteBehavior.Cascade);


            var articleCommentCfg = modelBuilder.Entity<ArticleComment>();
            articleCommentCfg.Property(p => p.Content).HasMaxLength(512);
            articleCommentCfg.Property(p => p.CreateTime).HasColumnType("datetime2");
            articleCommentCfg.HasOne(p => p.CreateUser).WithMany().HasForeignKey(p =>
p.CreateUserId).OnDelete(DeleteBehavior.Restrict);


            // 问答
            var questionCfg = modelBuilder.Entity<Question>();
          questionCfg.Property(p => p.Title).HasMaxLength(128);
            questionCfg.Property(p => p.Content).HasMaxLength(2048);
            questionCfg.Property(p => p.Tag).HasMaxLength(128);
            questionCfg.Property(p => p.CreateTime).HasColumnType("datetime2");
            questionCfg.HasOne(p => p.CreateUser).WithMany().HasForeignKey(p => p.Cre-
ateUserId).OnDelete(DeleteBehavior.Restrict);
            questionCfg.HasMany(p => p.QuestionComments).WithOne(p => p.Question).Has-
ForeignKey(p => p.QuestionId).OnDelete(DeleteBehavior.Cascade);


            var questionCommentCfg = modelBuilder.Entity<QuestionComment>();
            questionCommentCfg.Property(p => p.Content).HasMaxLength(512);
            questionCommentCfg.Property(p => p.CreateTime).HasColumnType("datetime2");
            questionCommentCfg.HasOne(p => p.CreateUser).WithMany().HasForeignKey(p =
> p.CreateUserId).OnDelete(DeleteBehavior.Restrict);


            var advertisementCfg = modelBuilder.Entity<Advertisement>();
            advertisementCfg.Property(p => p.ImgUrl).HasMaxLength(1024);
            advertisementCfg.Property(p => p.Url).HasMaxLength(128);


        }
        //protected override void OnConfiguring(DbContextOptionsBuilder optionsBuilder)
        //{
        //    optionsBuilder
        //        .UseSqlServer(@"Server=.; Database=SwiftCodeBbs; Trusted_Connection
=True; Connection Timeout=600;MultipleActiveResultSets=true;")
        //        .LogTo(Console.WriteLine, LogLevel.Information);
        //}
    }
```

8.4 模型映射

在学习 EF 的时候，我们知道了 ORM（Object Relational Mapping）映射是一种对象关系映射。

对象关系映射（ORM）系统一般以中间件的形式存在，主要实现程序对象到关系数据库数据的映射。

而 AutoMapper 是一种实体转换关系的模型，AutoMapper 是一个 .NET 的对象映射工具。其主要作用是进行领域对象与模型之间的转换，并将数据库查询结果映射至实体对象。

什么是 DTO？数据传输对象，DTO（Data Transfer Object）是一种设计模式之间传输数据的软件应用系统。数据传输目标往往是数据访问对象从数据库中检索数据。数据传输对象与数据交互对象或数据访问对象之间的差异是一个不具有任何行为（除了存储和检索）的数据（访问和存取器）。

为什么要用？它的目的只是为了对领域对象进行数据封装，实现层与层之间的数据传递。为何不能直接将领域对象用于数据传递？因为领域对象更注重领域，而 DTO 更注重数据。不仅如此，由于"富领域模型"的特点，这样做会直接将领域对象的行为暴露给表现层。

需要了解的是，数据传输对象 DTO 本身并不是业务对象。数据传输对象是根据 UI 的需求进行设计的，而不是根据领域对象进行设计的。比如 Customer 领域对象可能会包含一些诸如 First-Name、LastName、Email、Address 等信息。但如果 UI 上不打算显示 Address 的信息，那么 CustomerDTO 中也无须包含这个 Address 的数据。

什么是领域对象？领域模型就是面向对象的，面向对象的一个很重要的点就是："把事情交给最适合的类去做"，即"你得在一个个领域类之间跳转，才能找出它们是如何交互的"。在系统中 Model（EF 中的实体）就是领域模型对象。领域对象主要是面对业务的，我们是通过业务来定义 Model 的。

▶▶ 8.4.1 引入 AutoMapper 的相关包

在 SwiftCode. BBS. Extensions 层中引用 NuGet 包，AutoMapper 和 AutoMapper. Extensions. Microsoft. DependencyInjection。

AutoMapper. Extensions. Microsoft. DependencyInjection，这个是用来配合依赖注入的，从名字上也能看得出来，大家回忆一下，在整个项目中，使用的都是依赖注入，所以尽量不要用 new 来实例化，导致层耦合。

▶▶ 8.4.2 添加映射文件

基于上面的原理，在 SwiftCode. BBS. Extensions 层中添加文件夹 AutoMapper，然后添加映射配置文件 UserInfoProfile. cs，用来匹配所有的映射对象关系。

```
public class UserInfoProfile : Profile
{
    /// <summary>
    /// 配置构造函数,用来创建关系映射
    /// </summary>
    public UserInfoProfile()
```

```csharp
        {
            CreateMap<CreateUserInfoInputDto, UserInfo>();
            CreateMap<UserInfo, UserInfoDto>();

            CreateMap<UserInfo, UserInfoDetailsDto>();
        }
    }

    public class ArticleProfile : Profile
    {
        /// <summary>
        /// 配置构造函数,用来创建关系映射
        /// </summary>
        public ArticleProfile()
        {
            CreateMap<CreateArticleInputDto, Article>();
            CreateMap<UpdateArticleInputDto, Article>();

            CreateMap<Article, ArticleDto>();
            CreateMap<Article, ArticleDetailsDto>();


            CreateMap<ArticleComment, ArticleCommentDto>()
                .ForMember(a => a.UserName, o => o.MapFrom(x => x.CreateUser.UserName))
               .ForMember(a => a.HeadPortrait, o => o.MapFrom(x => x.CreateUser.HeadPortrait));


            CreateMap<CreateArticleCommentsInputDto, ArticleComment>();
        }
    }


    public class QuestionProfile : Profile
    {
        public QuestionProfile()
        {
            CreateMap<CreateQuestionInputDto, Question>();
            CreateMap<UpdateQuestionInputDto, Question>();

            CreateMap<Question, QuestionDto>()
                .ForMember(a => a.QuestionCommentCount, o => o.MapFrom(x => x.Question-
Comments.Count));
            CreateMap<Question, QuestionDetailsDto>();

            CreateMap<QuestionComment, QuestionCommentDto>()
                .ForMember(a => a.UserName, o => o.MapFrom(x => x.CreateUser.UserName))
                .ForMember(a => a.HeadPortrait, o => o.MapFrom(x => x.CreateUser.Head-
Portrait));


            CreateMap<CreateQuestionCommentsInputDto, QuestionComment>();
        }
    }
```

将鼠标光标移到方法上，单击 F12 键。

```
public IMappingExpression<TSource, TDestination> CreateMap<TSource, TDestination>();
```

第一个参数是原对象，第二个参数是目的对象，所以要想好是哪个方向转哪个，当然可以都写上。

▶▶ 8.4.3 使用 AutoMapper 实现模型映射，并注入

在 SwiftCode. BBS. Extensions 层的 ServiceExtensions 文件夹中添加 AutoMapperSetup. cs，在创建的文件夹 AutoMapper 中添加 AutoMapperConfig. cs，如图 8-4 所示。

● 图 8-4　目录结构

```
/// <summary>
/// Automapper 启动服务
/// </summary>
public static class AutoMapperSetup
{
    public static void AddAutoMapperSetup(this IServiceCollection services)
    {             if (services == null) throw new ArgumentNullException(nameof(services));

        services.AddAutoMapper(typeof(AutoMapperConfig));
    }
}
```

记得在 Startup 中调用 Automapper 启动服务。

```
public void ConfigureServices(IServiceCollection services)
{

    services.AddControllers();

    //需要安装 Microsoft.Entity Framework Core.Proxies,下面的文章会提到。
    services.AddDbContext<SwiftCodeBbsContext>(o =>
        o.UseLazyLoadingProxies().UseSqlServer(
            @"Server = .; Database = SwiftCodeBbs; Trusted_Connection = True; Con-
nection Timeout = 600;MultipleActiveResultSets = true;", oo => oo.MigrationsAssembly("Swift-
Code.BBS.Entity Framework")));


    services.AddSingleton(new AppSettings(Configuration));
    services.AddAutoMapperSetup();
```

```
        // ...
    }
///<summary>
/// 静态全局 AutoMapper 配置文件。
///</summary>
public class AutoMapperConfig
{
    public static MapperConfiguration RegisterMappings()
    {
        return new MapperConfiguration(cfg =>
        {
            cfg.AddProfile(new UserInfoProfile());
            cfg.AddProfile(new ArticlePorfile());
            cfg.AddProfile(new QuestionProfile());
        });
    }
}
```

8.5 注入泛型仓储

这里有两种使用方式，一种是给每一个 Entity 创建一个仓储接口、仓储实现以及服务接口和服务实现，也可以使用简单的方式——直接使用泛型仓储，修改 SwiftCode. BBS. Extensions 层下的 **AutofacModuleRegister** 类，注入泛型仓储：

```
protected override void Load(ContainerBuilder builder)
    {

        builder.RegisterGeneric(typeof(BaseRepository<>)).As(typeof(IBaseRepository<>)).InstancePerDependency();
        builder.RegisterGeneric(typeof(BaseServices<>)).As(typeof(IBaseServices<>)).InstancePerDependency();

    var assemblysServices = Assembly.Load("SwiftCode.BBS.Services");//要记得,这个注入
的是实现类层,不是接口层! 不是 IServices。
        builder.RegisterAssemblyTypes(assemblysServices).AsImplementedInterfaces();//指
定已扫描程序集中的类型。
    var assemblysRepository = Assembly.Load("SwiftCode.BBS.Repositories");//模式是
Load(解决方案名)。
        builder.RegisterAssemblyTypes(assemblysRepository).AsImplementedInterfaces
();
    }
```

8.6 业务接口实现

下面会对每个业务接口和需要注意的细节进行讲解，需要注意的功能也会在代码中添加注释。

▶▶ 8.6.1 授权接口

在 SwiftCode. BBS. API 层创建 AuthController 控制器，通过构造函数注入泛型仓储，授权登录接口主要负责注册和登录，采用的是 JWT 进行授权认证，密码记得要加密，注册时不要出现重复注册。

使用 IMapper 可以帮助我们进行数据模型转换。

```
/// <summary>
/// 授权
/// </summary>
[Route("api/[controller]/[action]")]
[ApiController]
public class AuthController : ControllerBase
{
    private readonly IBaseServices<UserInfo> _userInfoService;
    private readonly IMapper _mapper;
    public AuthController(IBaseServices<UserInfo> userInfoService, IMapper mapper)
    {
        _userInfoService = userInfoService;
        _mapper = mapper;
    }

    /// <summary>
    /// 登录
    /// </summary>
    /// <param name="loginName"></param>
    /// <param name="loginPassWord"></param>
    /// <returns></returns>
    [HttpGet]
    public async Task<MessageModel<string>> Login(string loginName, string login-
PassWord)
    {

        var jwtStr = string.Empty;

        if (string.IsNullOrEmpty(loginName) || string.IsNullOrEmpty(loginPassWord))
        {
            return new MessageModel<string>()
          {
                success = false,
                msg = "用户名或密码不能为空",
            };
        }

        var pass = MD5Helper.MD5Encrypt32(loginPassWord);
        var userInfo = await _userInfoService.GetAsync(x => x.LoginName == login-
Name && x.LoginPassWord == pass);
        if (userInfo == null)
        {
```

```
            return new MessageModel<string>()
            {
                success = false,
                msg = "认证失败",
            };
        }
        jwtStr = GetUserJwt(userInfo);

        return new MessageModel<string>()
        {
            success = true,
            msg = "获取成功",
            response = jwtStr
        };

    }

    /// <summary>
    /// 注册
    /// </summary>
    /// <param name="input"></param>
    /// <returns></returns>
    [HttpPost]
    public async Task<MessageModel<string>> Register(CreateUserInfoInputDto input)
    {
        var userInfo = await _userInfoService.FindAsync(x => x.LoginName == input.
LoginName);
        if (userInfo ! = null)
        {
            return new MessageModel<string>()
            {
                success = false,
                msg = "账号已存在",
            };
        }

        userInfo = await _userInfoService.FindAsync(x => x.Email == input.Email);
        if (userInfo ! = null)
        {
            return new MessageModel<string>()
            {
                success = false,
                msg = "邮箱已存在",
            };
        }

        userInfo = await _userInfoService.FindAsync(x => x.Phone == input.Phone);
        if (userInfo ! = null)
```

```
        {
            return new MessageModel<string>()
            {
                success = false,
                msg = "手机号已注册",
            };
        }
        userInfo = await _userInfoService.FindAsync(x => x.UserName == input.UserName);
        if (userInfo ! = null)
        {
            return new MessageModel<string>()
            {
                success = false,
                msg = "用户名已存在",
            };
        }
        input.LoginPassWord = MD5Helper.MD5Encrypt32(input.LoginPassWord);

        var user = _mapper.Map<UserInfo>(input);
        user.CreateTime = DateTime.Now;
        await _userInfoService.InsertAsync(user, true);
        var jwtStr = GetUserJwt(user);

        return new MessageModel<string>()
        {
            success = true,
            msg = "注册成功",
            response = jwtStr
        };
    }

    private string GetUserJwt(UserInfo userInfo)
    {
        var tokenModel = new TokenModelJwt { Uid = userInfo.Id, Role = "User" };
        var jwtStr = JwtHelper.IssueJwt(tokenModel);
        return jwtStr;
    }

}
```

MD5 加密类,放在 SwiftCode.BBS.Common 项目的 Helper 文件夹下:

```
public class MD5Helper
{
    ///<summary>
    /// 16 位 MD5 加密
    ///</summary>
    ///<param name="password"></param>
    ///<returns></returns>
    public static string MD5Encrypt16(string password)
    {
        var md5 = new MD5CryptoServiceProvider();
        string t2 = BitConverter.ToString(md5.ComputeHash(Encoding.Default.Get-
Bytes(password)), 4, 8);
```

```
            t2 = t2.Replace("-", string.Empty);
            return t2;
        }


        /// <summary>
        /// 32 位 MD5 加密
        /// </summary>
        /// <param name = "password"></param>
        /// <returns></returns>
        public static string MD5Encrypt32(string password = "")
        {
            string pwd = string.Empty;
            try
            {
                if (! string.IsNullOrEmpty(password) && ! string.IsNullOrWhiteSpace
(password))
                {
                    MD5 md5 = MD5.Create(); //实例化一个 md5 对象
                    // 加密后是一个字节类型的数组,这里要注意编码 UTF8/Unicode 的选择
                    byte[] s = md5.ComputeHash(Encoding.UTF8.GetBytes(password));
                    // 通过使用循环,将字节类型的数组转换为字符串,此字符串是常规字符格式化后所得
                    foreach (var item in s)
                    {
                        // 将得到的字符串使用十六进制类型格式。格式后的字符是小写的字母,如果使
用大写(X),则格式后的字符是大写字符
                        pwd = string.Concat(pwd, item.ToString("X2"));
                    }
                }
            }
            catch
            {
                throw new Exception($"错误的 password 字符串:【{password}】");
            }
            return pwd;
        }


        /// <summary>
        /// 64 位 MD5 加密
        /// </summary>
        /// <param name = "password"></param>
        /// <returns></returns>
        public static string MD5Encrypt64(string password)
        {
            // 实例化一个 md5 对象
            // 加密后是一个字节类型的数组,这里要注意编码 UTF8/Unicode 的选择
            MD5 md5 = MD5.Create();
            byte[] s = md5.ComputeHash(Encoding.UTF8.GetBytes(password));
            return Convert.ToBase64String(s);
        }


    }
```

▶▶ 8.6.2　文章接口

文章接口中我们使用了自定义服务接口 IArticleServices 来完成业务处理，在 GetList 方法中通过循环将业务模型组合成 Dto 并返回。

其中自定义服务中使用的是自定义仓储，在仓储中我们使用 Include 和 ThenInclude 查询导航属性数据。

```
/// <summary>
/// 文章
/// </summary>
[Route("api/[controller]/[action]")]
[ApiController]
[Authorize]
public class ArticleController : ControllerBase
{
    private readonly IArticleServices _articleServices;
    private readonly IBaseServices<UserInfo> _userInfoService;
    private readonly IMapper _mapper;

     public ArticleController(IArticleServices articleServices, IBaseServices<Use-
rInfo> userInfoService, IMapper mapper)
    {
        _articleServices = articleServices;
        _userInfoService = userInfoService;
        _mapper = mapper;
    }

    /// <summary>
    /// 分页获取文章列表
    /// </summary>
    /// <param name="page"></param>
    /// <param name="pageSize"></param>
    /// <returns></returns>
    [HttpGet]
    public async Task<MessageModel<List<ArticleDto>>> GetList(int page, int pageS-
ize)
    {
        // 这里只是展示用法，还可以通过懒加载的形式或自定义仓储去 Include UserInfo
         var entityList = await _articleServices.GetPagedListAsync(page, pageSize,
nameof(Article.CreateTime));
        var articleUserIdList = entityList.Select(x => x.CreateUserId);
        var userList = await _userInfoService.GetListAsync(x => articleUserIdList.
Contains(x.Id));
        var response = _mapper.Map<List<ArticleDto>>(entityList);
        foreach (var item in response)
        {
            var user = userList.FirstOrDefault(x => x.Id == item.CreateUserId);
            item.UserName = user.UserName;
            item.HeadPortrait = user.HeadPortrait;
```

```
        }
        return new MessageModel<List<ArticleDto>>()
        {
            success = true,
          msg = "获取成功",
            response = response
        };
    }


    /// <summary>
    /// 根据 Id 查询文章
    /// </summary>
    /// <param name="id"></param>
    /// <returns></returns>
    [HttpGet]
    public async Task<MessageModel<ArticleDetailsDto>> Get(int id)
    {
        // 通过自定义服务层处理内部业务
        var entity = await _articleServices.GetArticleDetailsAsync(id);
        var result = _mapper.Map<ArticleDetailsDto>(entity);
        return new MessageModel<ArticleDetailsDto>()
        {
            success = true,
            msg = "获取成功",
            response = result
        };
    }



    /// <summary>
    /// 创建文章
    /// </summary>
    /// <returns></returns>
    [HttpPost]
    public async Task<MessageModel<string>> CreateAsync(CreateArticleInputDto in-
put)
    {
        var token = JwtHelper.ParsingJwtToken(HttpContext);

        var entity = _mapper.Map<Article>(input);
        entity.CreateTime = DateTime.Now;
        entity.CreateUserId = token.Uid;
        await _articleServices.InsertAsync(entity, true);

        return new MessageModel<string>()
        {
            success = true,
            msg = "创建成功"
        };
    }
```

```
///<summary>
/// 修改文章
///</summary>
[HttpPut]
public async Task<MessageModel<string>> UpdateAsync(int id, UpdateArticleInput-
Dto input)
{
    var entity = await _articleServices.GetAsync(d => d.Id == id);

    entity = _mapper.Map(input, entity);

    await _articleServices.UpdateAsync(entity, true);
    return new MessageModel<string>()
    {
        success = true,
        msg = "修改成功"
    };
}


///<summary>
/// 删除文章
///</summary>
///<param name="id"></param>
///<returns></returns>
[HttpDelete]
public async Task<MessageModel<string>> DeleteAsync(int id)
{
    var entity = await _articleServices.GetAsync(d => d.Id == id);
    await _articleServices.DeleteAsync(entity, true);
    return new MessageModel<string>()
    {
        success = true,
        msg = "删除成功"
    };
}


///<summary>
/// 收藏文章
///</summary>
///<param name="id"></param>
///<returns></returns>
[HttpPost("{id}", Name = "CreateCollection")]
public async Task<MessageModel<string>> CreateCollectionAsync(int id)
{
    var token = JwtHelper.ParsingJwtToken(HttpContext);
    await _articleServices.AddArticleCollection(id, token.Uid);
    return new MessageModel<string>()
    {
        success = true,
        msg = "收藏成功"
    };
```

```csharp
        }

        ///<summary>
        /// 添加文章评论
        ///</summary>
        ///<param name="id"></param>
        ///<param name="input"></param>
        ///<returns></returns>
        [HttpPost(Name = "CreateArticleComments")]
        public async Task<MessageModel<string>> CreateArticleCommentsAsync(int id, Cre-
ateArticleCommentsInputDto input)
        {
            var token = JwtHelper.ParsingJwtToken(HttpContext);
            await _articleServices.AddArticleComments(id, token.Uid, input.Content);
            return new MessageModel<string>()
            {
                success = true,
                msg = "评论成功"
            };
        }


        ///<summary>
        /// 删除文章评论
        ///</summary>
        ///<param name="articleId"></param>
        ///<param name="id"></param>
        ///<returns></returns>
        [HttpDelete(Name = "DeleteArticleComments")]
        public async Task<MessageModel<string>> DeleteArticleCommentsAsync(int arti-
cleId, int id)
        {
            var entity = await _articleServices.GetByIdAsync(articleId);
            entity.ArticleComments.Remove(entity.ArticleComments.FirstOrDefault(x =>
x.Id == id));
            await _articleServices.UpdateAsync(entity, true);
            return new MessageModel<string>()
            {
                success = true,
                msg = "删除评论成功"
            };
        }

    }
    public interface IArticleServices: IBaseServices<Article>
    {
        Task<Article> GetByIdAsync(int id, CancellationToken cancellationToken = de-
fault);
```

```
        Task<Article> GetArticleDetailsAsync(int id, CancellationToken cancellationTo-
ken = default);

        Task AddArticleCollection(int id, int userId, CancellationToken cancellationTo-
ken = default);

        Task AddArticleComments(int id, int userId, string content, CancellationToken can-
cellationToken = default);
    }


    public class ArticleServices : BaseServices<Article>, IArticleServices
    {
        private readonly IArticleRepository _articleRepository;
        public ArticleServices(IBaseRepository<Article> baseRepository, IArticleRepos-
itory articleRepository) : base(baseRepository)
        {
            _articleRepository = articleRepository;
        }


        public Task<Article> GetByIdAsync(int id, CancellationToken cancellationToken =
default)
        {
            return _articleRepository.GetByIdAsync(id, cancellationToken);
        }


        public async Task<Article> GetArticleDetailsAsync(int id, CancellationToken can-
cellationToken = default)
        {
            var entity = await _articleRepository.GetByIdAsync(id, cancellationToken);
            entity.Traffic += 1;

            await _articleRepository.UpdateAsync(entity,true, cancellationToken: cancel-
lationToken);

            return entity;
        }


        public async Task AddArticleCollection(int id, int userId, CancellationToken can-
cellationToken = default)
        {
            var entity = await _articleRepository.GetCollectionArticlesByIdAsync(id,
cancellationToken);
            entity.CollectionArticles.Add(new UserCollectionArticle()
            {
                ArticleId = id,
                UserId = userId
            });
            await _articleRepository.UpdateAsync(entity, true, cancellationToken);
        }
```

```csharp
        public async Task AddArticleComments(int id, int userId, string content, Cancel-
lationToken cancellationToken = default)
        {
            var entity = await _articleRepository.GetByIdAsync(id, cancellationToken);
            entity.ArticleComments.Add(new ArticleComment()
            {
                Content = content,
                CreateTime = DateTime.Now,
                CreateUserId = userId
            });
            await _articleRepository.UpdateAsync(entity, true, cancellationToken);
        }

    }

    public interface IArticleRepository: IBaseRepository<Article>
    {

        Task<Article> GetByIdAsync(int id, CancellationToken cancellationToken = de-
fault);

        Task<Article> GetCollectionArticlesByIdAsync(int id, CancellationToken cancel-
lationToken = default);

    }


    public class ArticleRepository: BaseRepository<Article>, IArticleRepository
    {
        public ArticleRepository(SwiftCodeBbsContext context) : base(context)
        {
        }

        public Task<Article> GetByIdAsync(int id, CancellationToken cancellationToken =
default)
        {
          return DbContext().Articles.Where(x => x.Id == id)
                .Include(x => x.ArticleComments).ThenInclude(x => x.CreateUser).Single-
OrDefaultAsync(cancellationToken);
        }

        public Task<Article> GetCollectionArticlesByIdAsync(int id, CancellationToken
cancellationToken = default)
        {
            return DbContext().Articles.Where(x => x.Id == id)
                .Include(x => x.CollectionArticles).SingleOrDefaultAsync(cancellation-
Token);
        }

    }
```

▶▶ 8.6.3 问答接口

问答接口和文章接口基本一致，都是使用了自定义的服务接口和实现。

但是在问答的 GetList 方法中，返回的 DtoQuestionDto 中有一个问答数量属性：QuestionCommentCount，它是通过统计问答下的导航属性问答评论得来的，但是我们在 GetPagedListAsync 中并没有使用 Include 进行关联查询，这里采用的方法是懒加载。

在 SwiftCode.BBS.EntityFramework 层引入 Microsoft.EntityFrameworkCore.Proxies，并在中 Startup.cs 修改 ConfigureServices 方法开启懒加载。

```
services.AddDbContext<SwiftCodeBbsContext>(o =>
        o.UseLazyLoadingProxies().UseSqlServer(
            @"Server = .; Database = SwiftCodeBbs; Trusted_Connection = True; Connection Timeout = 600;MultipleActiveResultSets = true;", oo => oo.MigrationsAssembly("SwiftCode.BBS.EntityFramework")));
    ///<summary>
    /// 问答
    ///</summary>
    [Route("api/[controller]/[action]")]
    [ApiController]
    [Authorize]
    public class QuestionController : ControllerBase
    {
        private readonly IQuestionServices _questionService;
        private readonly IBaseServices<UserInfo> _userInfoService;
        private readonly IMapper _mapper;

        public QuestionController(IQuestionServices questionService, IBaseServices<UserInfo> userInfoService, IMapper mapper)
        {
            _questionService = questionService;
            _userInfoService = userInfoService;
            _mapper = mapper;
        }


        ///<summary>
        /// 分页获取问答列表
        ///</summary>
        ///<param name = "page"></param>
        ///<param name = "pageSize"></param>
       ///<returns></returns>
        [HttpGet]
        public async Task<MessageModel<List<QuestionDto>>> GetList(int page, int pageSize)
        {
            var entityList = await _questionService.GetPagedListAsync(page, pageSize, nameof(Question.CreateTime));
```

```
        return new MessageModel<List<QuestionDto>>()
        {
            success = true,
            msg = "获取成功",
            response = _mapper.Map<List<QuestionDto>>(entityList)
        };
    }

    /// <summary>
    /// 根据 Id 查询问答
    /// </summary>
    /// <param name="id"></param>
    /// <returns></returns>
    [HttpGet]
    public async Task<MessageModel<QuestionDetailsDto>> Get(int id)
    {
        // 通过自定义服务层处理内部业务
        var entity = await _questionService.GetQuestionDetailsAsync(id);
        var result = _mapper.Map<QuestionDetailsDto>(entity);
        return new MessageModel<QuestionDetailsDto>()
        {
            success = true,
            msg = "获取成功",
            response = result
        };
    }

    /// <summary>
    /// 创建问答
    /// </summary>
    /// <returns></returns>
    [HttpPost]
    public async Task<MessageModel<string>> CreateAsync(CreateQuestionInputDto in-
put)
    {
        var token = JwtHelper.ParsingJwtToken(HttpContext);

        var entity = _mapper.Map<Question>(input);
        entity.Traffic = 1;
        entity.CreateTime = DateTime.Now;
        entity.CreateUserId = token.Uid;
        await _questionService.InsertAsync(entity, true);

        return new MessageModel<string>()
        {
            success = true,
            msg = "创建成功"
        };
    }

    /// <summary>
```

```
/// 修改问答
/// </summary>
[HttpPut]
public async Task<MessageModel<string>> UpdateAsync(int id, UpdateQuestionIn-
putDto input)
{
    var entity = await _questionService.GetAsync(d => d.Id == id);

    entity = _mapper.Map(input, entity);

    await _questionService.UpdateAsync(entity, true);
    return new MessageModel<string>()
    {
        success = true,
        msg = "修改成功"
    };
}


/// <summary>
/// 删除问答
/// </summary>
/// <param name="id"></param>
/// <returns></returns>
[HttpDelete]
public async Task<MessageModel<string>> DeleteAsync(int id)
{
    var entity = await _questionService.GetAsync(d => d.Id == id);
    await _questionService.DeleteAsync(entity, true);
    return new MessageModel<string>()
    {
        success = true,
        msg = "删除成功"
    };
}


/// <summary>
/// 添加问答评论
/// </summary>
/// <param name="id"></param>
/// <returns></returns>
[HttpPost(Name = "CreateQuestionComments")]
public async Task<MessageModel<string>> CreateQuestionCommentsAsync(int id,
CreateQuestionCommentsInputDto input)
{
    var token = JwtHelper.ParsingJwtToken(HttpContext);
    await _questionService.AddQuestionComments(id, token.Uid, input.Content);
    return new MessageModel<string>()
    {
        success = true,
        msg = "评论成功"
```

```
            };
        }


        /// <summary>
        /// 删除问答评论
        /// </summary>
        /// <param name = "questionId"></param>
        /// <param name = "id"></param>
        /// <returns></returns>
        [HttpDelete(Name = "DeleteQuestionComments")]
        public async Task<MessageModel<string>> DeleteQuestionCommentsAsync(int questionId, int id)
        {
            var entity = await _questionService.GetByIdAsync(questionId);
            entity.QuestionComments.Remove(entity.QuestionComments.FirstOrDefault(x => x.Id == id));
            await _questionService.UpdateAsync(entity, true);
            return new MessageModel<string>()
            {
                success = true,
                msg = "删除评论成功"
            };
        }



    }
    public interface IQuestionServices : IBaseServices<Question>
    {
        Task<Question> GetByIdAsync(int id, CancellationToken cancellationToken = default);

        Task<Question> GetQuestionDetailsAsync(int id, CancellationToken cancellationToken = default);

        Task AddQuestionComments(int id, int userId, string content, CancellationToken cancellationToken = default);

    }



    public  class QuestionServices: BaseServices<Question>, IQuestionServices
    {
        private readonly IQuestionRepository _questionRepository;
        public QuestionServices(IBaseRepository<Question> baseRepository, IQuestionRepository questionRepository) : base(baseRepository)
        {
            _questionRepository = questionRepository;
        }


        public Task<Question> GetByIdAsync(int id, CancellationToken cancellationToken = default)
```

```
        {
            return _questionRepository.GetByIdAsync(id, cancellationToken);
        }


        public async Task<Question> GetQuestionDetailsAsync(int id, CancellationToken can-
cellationToken = default)
        {
            var entity = await _questionRepository.GetByIdAsync(id, cancellationToken);
            entity.Traffic += 1;

            await _questionRepository.UpdateAsync(entity, true, cancellationToken: can-
cellationToken);

            return entity;
        }


        public async Task AddQuestionComments(int id, int userId, string content, Cancel-
lationToken cancellationToken = default)
        {
            var entity = await _questionRepository.GetByIdAsync(id, cancellationToken);
            entity.QuestionComments.Add(new QuestionComment()
            {
                Content = content,
                CreateTime = DateTime.Now,
              CreateUserId = userId
            });
            await _questionRepository.UpdateAsync(entity, true, cancellationToken);
        }
    }
    public interface IQuestionRepository : IBaseRepository<Question>
    {
        Task<Question> GetByIdAsync(int id, CancellationToken cancellationToken = de-
fault);

    }


    public class QuestionRepository: BaseRepository<Question>, IQuestionRepository
    {
        public QuestionRepository(SwiftCodeBbsContext context) : base(context)
        {
        }

        public Task<Question> GetByIdAsync(int id, CancellationToken cancellationToken
= default)
        {
            return DbContext().Questions.Where(x => x.Id == id)
                .Include(x => x.QuestionComments).ThenInclude(x => x.CreateUser).Sin-
gleOrDefaultAsync(cancellationToken);
        }
    }
```

▶▶ 8.6.4　个人中心接口

我们把［Authorize］放在 Api 控制器上表示需要用户登录后才能请求这个控制器下的接口，该接口主要用于处理当前登录人个人信息和获取其他作者资料。

```
///<summary>
/// 个人中心
///</summary>
[Route("api/[controller]/[action]")]
[ApiController]
[Authorize]
public class UserInfoController : ControllerBase
{

    private readonly IBaseServices<UserInfo> _userInfoService;
    private readonly IArticleServices _articleServices;
    private readonly IBaseServices<Question> _questionService;
    private readonly IMapper _mapper;

    public UserInfoController(IBaseServices<UserInfo> userInfoService, IMapper mapper,
IArticleServices articleServices, IBaseServices<Question> questionService)
    {
        _userInfoService = userInfoService;
        _mapper = mapper;
        _articleServices = articleServices;
        _questionService = questionService;
    }
    ///<summary>
    /// 用户个人信息
    ///</summary>
    ///<returns></returns>
    [HttpGet]
    public async Task<MessageModel<UserInfoDetailsDto>> GetAsync()
    {
        var token = JwtHelper.ParsingJwtToken(HttpContext);
        var userInfo = await _userInfoService.GetAsync(x => x.Id == token.Uid);

      return new MessageModel<UserInfoDetailsDto>()
        {
            success = true,
            msg = "获取成功",
            response = _mapper.Map<UserInfoDetailsDto>(userInfo)
        };
    }

    ///<summary>
    /// 修改个人信息
    ///</summary>
    ///<param name="input"></param>
    ///<returns></returns>
```

```
[HttpPut]
public async Task<MessageModel<string>> UpdateAsync(UpdateUserInfoInputDto input)
{
    var token = JwtHelper.ParsingJwtToken(HttpContext);
    var userInfo = await _userInfoService.GetAsync(x => x.Id == token.Uid);
    userInfo = _mapper.Map<UserInfo>(input);
    await _userInfoService.UpdateAsync(userInfo, true);

    return new MessageModel<string>()
    {
        success = true,
        msg = "修改成功",
    };
}


/// <summary>
/// 获取文章作者
/// </summary>
/// <returns></returns>
[HttpGet]
public async Task<MessageModel<UserInfoDto>> GetAuthor(int id)
{
    var entity = await _articleServices.GetAsync(x => x.Id == id);
    var user = await _userInfoService.GetAsync(x => x.Id == entity.CreateUserId);

    var response = _mapper.Map<UserInfoDto>(user);
    response.ArticlesCount = await _articleServices.GetCountAsync(x => x.CreateUserId == user.Id);
    response.QuestionsCount = await _questionService.GetCountAsync(x => x.CreateUserId == user.Id);
    return new MessageModel<UserInfoDto>()
    {
        success = true,
        msg = "获取成功",
        response = response
    };

}
}
```

▶▶ 8.6.5 主页接口

Home 控制器主要用于加载首页信息，让用户一打开站点就能看到内容，而不是必须登录后才能看到。

```
/// <summary>
/// 主页
/// </summary>
```

```csharp
[Route("api/[controller]/[action]")]
[ApiController]
public class HomeController : ControllerBase
{
    private readonly IBaseServices<UserInfo> _userInfoService;
    private readonly IBaseServices<Article> _articleService;
    private readonly IBaseServices<Question> _questionService;
    private readonly IBaseServices<Advertisement> _advertisementService;
    private readonly IMapper _mapper;

    public HomeController(IBaseServices<UserInfo> userInfoService,
        IBaseServices<Article> articleService,
        IBaseServices<Question> questionService,
        IBaseServices<Advertisement> advertisementService,
        IMapper mapper)
    {
        _userInfoService = userInfoService;
        _articleService = articleService;
        _questionService = questionService;
        _advertisementService = advertisementService;
        _mapper = mapper;
    }



    /// <summary>
    /// 获取文章列表
    /// </summary>
    /// <returns></returns>
    [HttpGet]
    public async Task<MessageModel<List<ArticleDto>>> GetArticle()
    {
        var entityList = await _articleService.GetPagedListAsync(0, 10, nameof(Article.CreateTime));
        var articleUserIdList = entityList.Select(x => x.CreateUserId);
        var userList = await _userInfoService.GetListAsync(x => articleUserIdList.Contains(x.Id));
        var response = _mapper.Map<List<ArticleDto>>(entityList);
        foreach (var item in response)
        {
            var user = userList.FirstOrDefault(x => x.Id == item.CreateUserId);
            item.UserName = user.UserName;
            item.HeadPortrait = user.HeadPortrait;
        }
        return new MessageModel<List<ArticleDto>>()
        {
            success = true,
            msg = "获取成功",
            response = response
        };
    }
    /// <summary>
    /// 获取问答列表
```

```
///</summary>
///<returns></returns>
[HttpGet]
public async Task<MessageModel<List<QuestionDto>>> GetQuestion()
{
    var questionList = await _questionService.GetPagedListAsync(0, 10, nameof
(Question.CreateTime));

    return new MessageModel<List<QuestionDto>>()
    {
        success = true,
        msg = "获取成功",
        response = _mapper.Map<List<QuestionDto>>(questionList)
    };
}
///<summary>
/// 获取作者列表
///</summary>
///<returns></returns>
[HttpGet]
public async Task<MessageModel<List<UserInfoDto>>> GetUserInfo()
{
    var userInfoList = await _userInfoService.GetPagedListAsync(0, 5, nameof
(UserInfo.CreateTime));

    var response = _mapper.Map<List<UserInfoDto>>(userInfoList);

    // 此处会多次调用数据库操作,实际项目中我们会返回字典来处理
    foreach (var item in response)
    {
        item.QuestionsCount = await _questionService.GetCountAsync(x => x.Crea-
teUserId == item.Id);
        item.ArticlesCount = await _articleService.GetCountAsync(x => x.Crea-
teUserId == item.Id);
    }
    return new MessageModel<List<UserInfoDto>>()
    {
        success = true,
        msg = "获取成功",
        response = response
    };
}
///<summary>
/// 获取广告列表
///</summary>
///<returns></returns>
[HttpGet]
public async Task<MessageModel<string>> GetAdvertisement()
{
    var advertisementList = await _advertisementService.GetPagedListAsync(0, 5,
nameof(Advertisement.CreateTime));
    return new MessageModel<string>();
}


}
```

8.7 创建迁移运行测试

在程序包管理控制台，选择 SwiftCode. BBS. EntityFramework，运行 Add-Migration InitDb 和 Update-Database 生成迁移，如图 8-5 所示。

● 图 8-5　生成迁移

一切完成后，启动项目在 Swagger 中调试接口，如图 8-6 所示。

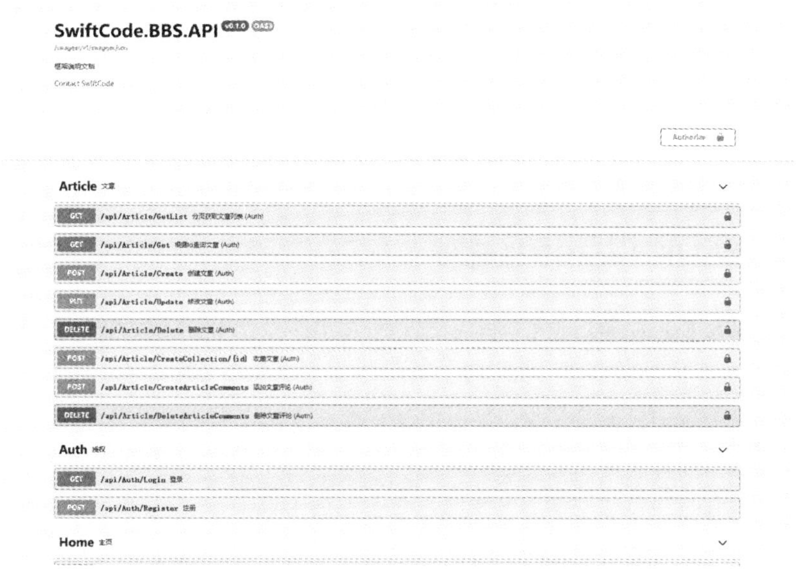

● 图 8-6　Swagger 界面

8.8 小结

学完本章，你会了解到以下知识点：

（1）AutoMapper 模型映射；

（2）EF 迁移；

（3）如何使用 EF 进行懒加载数据。

第9章

实战：AOP 实现日志记录和缓存

9.1 AOP 实现日志记录（服务层）

首先想一想，如果有一个需求，要记录整个项目的接口和调用情况，如果只是控制器，还是挺简单的，直接用一个过滤器或者一个中间件即可。还记得开发 Swagger 拦截权限验证的中间件吗？直接把用户调用接口的名称记录下来，当然也可以写成一个切面，但是如果想看一下与 Service 或者 Repository 层的调用情况，就只能在 Service 层或者 Repository 层去写日志记录了，那样不仅工程大（当然可以用工厂模式），而且耦合性瞬间就高了。这个时候就用到 AOP 和 Autofac 的 Castle 结合的完美解决方案了。

▶▶ 9.1.1 添加 BbsLogAOP 拦截器

在 SwiftCode. BBS. Extensions 项目下新建文件夹 AOP，添加 BbsLogAOP 拦截器，并设计其中用到的日志记录 Logger 方法或者类，如图 9-1 所示。

```
:namespace SwiftCode. BBS. Extensions. AOP
{
    2 个引用|BDOWG, 2B 天前|1 名代者, 2 项更改
    public class BbsLogAOP : IInterceptor
    {
        /// <summary>
        /// 实例化IInterceptor唯一方法
        /// </summary>
        /// <param name="invocation">包含被拦截方法的信息</param>
        0 个引用|BDWG, 30 天前|1 名作者, 1 项更改
        public void Intercept(IInvocation invocation)
        {
            //记录被拦截方法信息的日志信息
            var dataIntercept : string = $"{DateTime. Now. ToString(format: "yyyyMMddHHmmss")}" +
                        $"当前执行方法：{ invocation. Method. Name}" +
                        $"参数是：{string. Join(separator: ", ", value: invocation. Arguments. Select(s: object => (s ?? "").ToString()). ToArray()

            //注意，下边方法仅仅是针对同步的策略，如果你的service是异步的，这里装载不到，如果要异步拦截联系作者
            try
            {
                invocation. Proceed();
            }
            catch (Exception ex)
            {
                dataIntercept += ($"方法执行中出现异常：{ex. Message}");
            }

            dataIntercept += ($"被拦截方法执行完毕，返回结果：{invocation. ReturnValue}");

            #region 输出到当前项目日志
            var path : string = Directory. GetCurrentDirectory() + @"\Log";
            if (!Directory. Exists(path))
            {
                Directory. CreateDirectory(path);
            }
```

● 图 9-1　BbsLogAOP 拦截器

关键的一些知识点, 注释中已经说明了, 主要是有以下几种:

(1) 继承接口 IInterceptor。

(2) 实例化接口 IInterceptor 的方法 Intercept。

(3) void Proceed( ); 表示执行当前的方法和 object ReturnValue { get; set; } 执行后调用, object [ ] Arguments 参数对象。

(4) 中间的代码是新建一个类, 单写即可。

```csharp
public class BbsLogAOP : IInterceptor
    {

        ///<summary>
        /// 实例化 IInterceptor 方法
        ///</summary>
        ///<param name = "invocation">包含被拦截方法的信息</param>
        public void Intercept(IInvocation invocation)
        {
            //记录被拦截方法信息的日志信息
            var dataIntercept = $"{DateTime.Now.ToString("yyyyMMddHHmmss")} " +
                            $"当前执行方法:{ invocation.Method.Name} " +
                             $"参数是: {string.Join(", ", invocation.Arguments.Select
(a => (a ?? "").ToString()).ToArray())} \r\n";

            //注意,下边的方法仅仅是针对同步的策略,如果 service 是异步的,则这里获取不到
            try
            {
                invocation.Proceed();
            }
            catch (Exception ex)
            {
                dataIntercept += ($"方法执行中出现异常:{ex.Message}");
            }

            dataIntercept += ($"被拦截方法执行完毕,返回结果:{invocation.ReturnValue}");

            #region 输出到当前项目日志
            var path = Directory.GetCurrentDirectory() + @"\Log";
            if (! Directory.Exists(path))
            {
                Directory.CreateDirectory(path);
            }

            string fileName = path + $@"\InterceptLog-{DateTime.Now.ToString("yyyyMMd-
dHHmmss")}.log";

            StreamWriter sw = File.AppendText(fileName);
            sw.WriteLine(dataIntercept);
            sw.Close();
```

```
    #endregion

  }

}
```

提示：这里展示了如何在项目中使用 AOP 实现对 Service 层进行日志记录。

▶▶ 9.1.2　添加到 Autofac 容器中，实现注入

先把拦截器注入，然后在程序集的注入方法中添加拦截器服务即可，如图 9-2 所示。

```
builder.RegisterType<BbsLogAOP>(); // 可以直接替换其他拦截器！一定要把拦截器进行注册

builder.RegisterGeneric(implementer typeof(BaseRepository<>)).As(typeof(IBaseRepository<>)).InstancePerDependency();
builder.RegisterGeneric(implementer typeof(BaseServices<>)).As(typeof(IBaseServices<>)).InstancePerDependency();

var assemblysServices Assembly = Assembly.Load("SwiftCode.BBS.Services");//要记得！只这个注入的是实现类，不是接口层！不是 IServices
builder.RegisterAssemblyTypes(assemblysServices)
    .AsImplementedInterfaces()
    .EnableInterfaceInterceptors()//引用Autofac.Extras.DynamicProxy 对目标类型启用接口拦截。拦截器将被确定，通过在类或接口上读取属性，或添加 InterceptedBy ()
    .InterceptedBy(typeof(BbsLogAOP));//允许将拦截器服务的列表分配给注册。指定已扫描程序集中的类型注册为提供所有其实现的接口。

var assemblysRepository Assembly = Assembly.Load("SwiftCode.BBS.Repositories");//模式是 Load(解决方案名)
builder.RegisterAssemblyTypes(assemblysRepository)
    .AsImplementedInterfaces();
```

● 图 9-2　添加拦截器到 Autofac 容器中

▶▶ 9.1.3　运行项目测试

在拦截器中打上断点，启动项目，访问任意一个接口，项目便会跳转到我们刚刚设置断点的拦截器里，如图 9-3 所示。

```
13  {
    2 个引用|LDONG, 28 天前|1 名作者, 2 处更改
14  public class BbsLogAOP : IInterceptor
15  {
16
17      /// <summary>
18      /// 实例化IInterceptor唯一方法
19      /// </summary>
20      /// <param name="invocation">被注入拦截的方法的信息</param>
    0 个引用|LDONG, 30 天前|1 名作者, 1 处更改
21      public void Intercept(IInvocation invocation)    invocation = {Castle.Proxies.Invocations.ArticleServices_GetArticleDetailsAsync}
22      {
23          //记录被拦截方法信息的日志信息
24          var dataIntercept string = $"{DateTime.Now.ToString(format "yyyyMMddHHmmss")} " +
25              $"当前执行方法：{invocation.Method.Name} " +
26              $"参数是： {(string.Join(separator ", ", value: invocation.Arguments.Select(a object => (a ?? "").ToString()).ToArray())} \r\n";
27
28          //注意，下边方法仅仅是针对同步的策略，如果你的service是异步的，这里获取不到，如果要异步拦截联系作者
29          try
30          {
31              invocation.Proceed();
32          }
33          catch (Exception ex)
34          {
35              dataIntercept += ($"方法执行中出现异常：{ex.Message}");
36          }
37
38
39          dataIntercept += ($"被拦截方法执行完毕，返回结果：{invocation.ReturnValue}");
40
41          #region 输出到当前项目日志
```

● 图 9-3　断点 AOP

取消断点，单击继续，拦截器便会把访问的服务中的方法信息给记录下来，保存到事先配置好的日志文件中，如图 9-4 所示。

● 图 9-4　在日志文件中查看

9.2 AOP 实现接口数据的缓存功能

想一想，如果要实现缓存功能，一般都是将数据获取到以后，定义缓存，在其他地方使用的时候，根据 Key 去获取当前数据，然后进行操作等，平时都是在 API 接口层获取数据后进行缓存，这里可以试试，在接口之前就缓存下来。

9.2.1 定义 Memory 缓存类和接口

在 SwiftCode. BBS. Common 下创建 MemoryCache 文件夹，定义一个缓存类和接口。

```
/// <summary>
/// 简单的缓存接口,只有查询和添加
/// </summary>
public interface ICachingProvider
{
    object Get(string cacheKey);

    void Set(string cacheKey, object cacheValue);
}
```

```
/// <summary>
/// 实例化缓存接口 ICachingProvider
/// </summary>
public class MemoryCachingProvider: ICachingProvider
{
    //引用 Microsoft.Extensions.Caching.Memory;
    private readonly IMemoryCache _cache;
    //还是通过构造函数的方法获取
    public MemoryCachingProvider(IMemoryCache cache)
    {
        _cache = cache;
    }

    public object Get(string cacheKey)
    {
        return _cache.Get(cacheKey);
    }

    public void Set(string cacheKey, object cacheValue)
    {
        _cache.Set(cacheKey, cacheValue, TimeSpan.FromSeconds(7200));
    }
}
```

▶▶ 9.2.2　定义一个缓存拦截器

在 SwiftCode. BBS. Extensions 项目的 AOP 文件夹下创建 BbsCacheAOP 类并继承 IInterceptor，实现 Intercept：

```
/// <summary>
/// 面向切面的缓存
/// </summary>
public class BbsCacheAOP : IInterceptor
{
    //通过注入的方式,把缓存操作接口通过构造函数注入
    private ICachingProvider _cache;
    public BbsCacheAOP(ICachingProvider cache)
    {
        _cache = cache;
    }

    //Intercept 方法是拦截的关键,也是 IInterceptor 接口中的唯一定义
    public void Intercept(IInvocation invocation)
    {
        //获取自定义缓存键
        var cacheKey = CustomCacheKey(invocation);
        //根据 key 获取相应的缓存值
        var cacheValue = _cache.Get(cacheKey);
        if (cacheValue ! = null)
        {
            //将当前获取到的缓存值,赋值给当前执行方法
            invocation.ReturnValue = cacheValue;
            return;
        }
        //去执行当前的方法
        invocation.Proceed();
        //存入缓存
        if (! string.IsNullOrWhiteSpace(cacheKey))
        {
            _cache.Set(cacheKey, invocation.ReturnValue);
        }
    }
    //自定义缓存键
    private string CustomCacheKey(IInvocation invocation)
    {
        var typeName = invocation.TargetType.Name;
        var methodName = invocation.Method.Name;
        var methodArguments = invocation.Arguments.Select(GetArgumentValue).Take
(3).ToList();//获取参数列表,最多需要三个即可。

        string key = $"{typeName}:{methodName}:";
        foreach (var param in methodArguments)
        {
            key + = $"{param}:";
```

```
        }

        return key.TrimEnd(':');
    }
    //object 转 string
    private string GetArgumentValue(object arg)
    {
        // PS:这里仅仅是很简单的数据类型。封装得比较多,当然也可以自己封装。
        if (arg is int || arg is long || arg is string)
            return arg.ToString();

        if (arg is DateTime)
            return ((DateTime)arg).ToString("yyyyMMddHHmmss");

        return "";
    }

}
```

▶▶ 9.2.3 注入缓存拦截器

在 SwiftCode. BBS. Extensions 层新建 MemoryCacheSetup. cs，和之前配置 AutoMapper 和 AutoFac 一样写一个服务启动方法，记得在 Startup 中调用 Memory 缓存启动服务。

```
///<summary>
///  Memory 缓存启动服务
///</summary>
public static class MemoryCacheSetup
{
    public static void AddMemoryCacheSetup(this IServiceCollection services)
    {
        if (services == null) throw new ArgumentNullException(nameof(services));

        services.AddScoped<ICachingProvider, MemoryCachingProvider>();
        services.AddSingleton<IMemoryCache>(factory =>
        {
            var cache = new MemoryCache(new MemoryCacheOptions());
            return cache;
        });
    }
    public void ConfigureServices(IServiceCollection services)
    {

        services.AddControllers();


        services.AddDbContext<SwiftCodeBbsContext>(o =>
            o.UseLazyLoadingProxies().UseSqlServer(
```

```
                    @"Server = .; Database = SwiftCodeBbs; Trusted_Connection = True; Con-
        nection Timeout = 600;MultipleActiveResultSets = true;", oo => oo.MigrationsAssembly("Swift-
        Code.BBS.Entity Framework")));

                services.AddSingleton(new Appsettings(Configuration));
                services.AddMemoryCacheSetup();
                services.AddAutoMapperSetup();

                // ...
            }
```

接下来修改一下拦截器的注入方式，因为我们定义了两个 AOP：LogAOP 和 CacheAOP。通过在 AppSetting 中的配置来进行开关 AOP。

那么具体的执行顺序是什么呢，这里说一下，就是从上到下的顺序，或者可以理解成挖金矿的形式，执行完上层的，紧接着进行下一个 AOP，最后想要"回家"，就一个一个跳出去，在往上层走的时候，上一个 AOP 执行完了，不用再操作了，直接出去，就像 break 一样，整体结构如图 9-5 所示。

● 图 9-5　项目结构

```
public class AutofacModuleRegister:Autofac.Module
{
    protected override void Load(ContainerBuilder builder)
    {

        var cacheType = new List<Type>();

        if (Appsettings.app(new string[] { "AppSettings", "MemoryCachingAOP", "Ena-
bled" }).ObjToBool())
        {
            builder.RegisterType<BbsCacheAOP>();
            cacheType.Add(typeof(BbsCacheAOP));
        }
```

```
            if (Appsettings.app(new string[] {"AppSettings", "LogAOP", "Enabled"}).Obj-
ToBool())
            {
                builder.RegisterType<BbsLogAOP>();
                cacheType.Add(typeof(BbsLogAOP));
            }


            builder.RegisterGeneric(typeof(BaseRepository<>)).As(typeof(IBaseReposito-
ry<>)).InstancePerDependency();
            builder.RegisterGeneric(typeof(BaseServices<>)).As(typeof(IBaseServices<
>)).InstancePerDependency();

            var assemblysServices = Assembly.Load("SwiftCode.BBS.Services");//要记得!!!
这个注入的是实现类层，不是接口层！不是 IServices
            builder.RegisterAssemblyTypes(assemblysServices)
                .AsImplementedInterfaces()
                .EnableInterfaceInterceptors()//引用 Autofac.Extras.DynamicProxy 对目标
类型启用接口拦截。拦截器将被确定，在类或接口上截取属性，或添加 InterceptedBy()
                .InterceptedBy(cacheType.ToArray());//允许将拦截器服务的列表分配给注册。


            var assemblysRepository = Assembly.Load("SwiftCode.BBS.Repositories");//模
式是 Load(解决方案名)
            builder.RegisterAssemblyTypes(assemblysRepository)
                .AsImplementedInterfaces();

        }
    }
```

在 SwiftCode. BBS. Common 层的 Helper 文件夹下新建 UtilConvert 类：

```
    public static class UtilConvert
    {
        ///<summary>
        ///
        ///</summary>
        ///<param name = "thisValue"></param>
        ///<returns></returns>
        public static boolObjToBool(this object thisValue)
        {
            bool reval = false;
            if (thisValue ! = null && thisValue ! = DBNull.Value && bool.TryParse(this-
Value.ToString(), out reval))
            {
                return reval;
            }
            return reval;
        }
    }
```

在 appsetting. json 的配置文件中添加：

```
"AppSettings": {
  "MemoryCachingAOP": {
    "Enabled": false
  },
  "LogAOP": {
    "Enabled": true
  }
}
```

▶▶ 9.2.4　运行项目测试

你会发现，首次缓存是空的，将 Repository 仓储中取出来的数据存入缓存，第二次使用就有值了，其他使用也不用再写了，而且也是面向整个程序集合的，如图 9-6 所示。

● 图 9-6　缓存 AOP

9.3　小结

学完本章，你会了解到以下知识点：

（1）什么是 AOP；

（2）如何自定义实现 AOP 切面；

（3）使用 AOP 解决实际业务中的问题。

实战：单元测试与集成测试

到了这里，我们的 BBS 项目已经基本完结了，相关的业务逻辑已经明朗。在技术上，相信也得到了很大的提升，是不是到这里就万事大吉了呢，当然不是！这里仅仅是完成软件开发的第一步。在我们平时的开发中，或多或少会出现一些问题和错误，尽管可以通过多人配合，以及专业的测试工程师来帮助开发者测试功能，但是 Bug 依然存在，这些都是软件开发中不可避免的。虽然是不可避免的，但是我们作为专业的开发人员，依然可以通过特定有效的方法，来尽快、尽早地发现它们，并解决掉问题。

10.1 面向测试编程

测试的编写在构建项目的时候就显得尤为重要，设计合理的测试代码不仅有助于发现及避免 Bug，更可以为我们后续重构代码的工作提供便利，以免破坏现有功能或引入新的问题。

在本章里，我们将学习如何编写一个实战项目的单元测试和集成测试，以本书配套 BBS 项目为例，来统一检查 ASP. NET Core 程序。其中，单元测试较小、较简单，用来确保单个方法或者逻辑块工作良好。集成测试（有时候也叫作功能性测试）较大、较复杂，模拟实际的应用场景，用来检验程序里的多个层次或组件是否完整。

▶▶ 10.1.1 单元测试

单元测试是短小的测试，也是检查单个方法或类的行为。当你测试的代码依赖其他方法或类时，单元测试依赖于虚构（mocking）出来的其他类，以便在某一时刻把注意力专注在特定的一个点上。

例如文章管理模块 ArticleController 有两个依赖：ArticleServices 和 IMapper。ArticleServices 接下来又依赖于 ArticleRepository。当然这里还涉及接口和实现类的关系，这里为了简单说明，统一用实现类来解释。你可以画一条线表示：ArticleController > ArticleServices > ArticleRepository，这种方式被称为依赖图。

如果想要在 Visual Studio 2019 中查看类的依赖视图，需要开启相应的功能，在安装详细信息中，勾选"体系结构和分析工具"功能，如图 10-1 所示。

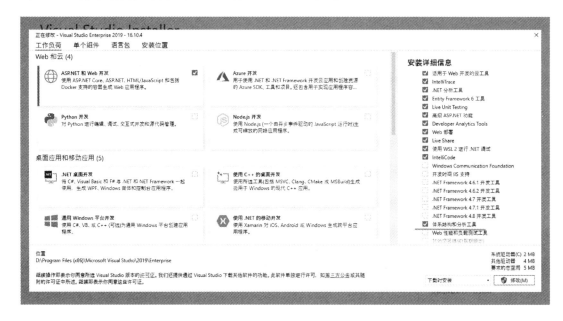

● 图 10-1　在安装详细信息中勾选"体系结构和分析工具"

可以在菜单栏的体系架构中查看示例 BBS 项目的体系架构，如图 10-2 所示。

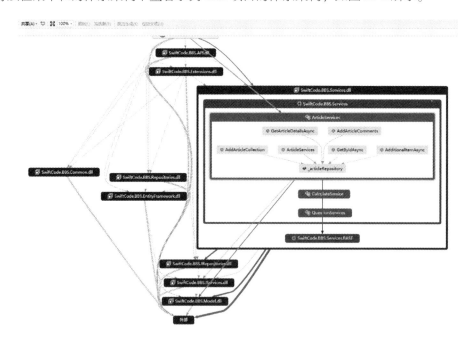

● 图 10-2　ArticleServices 服务依赖关系图

当程序运转正常的时候，ASP.NET Core 的服务容器和依赖注入系统在 ArticleServices 中被创建时，把这些对象逐一地注入依赖图里，这是一连串的对象，我们需要做很多的处理，一般这种

做法是虚拟一个类的实例，比如要测试 ArticleServices 服务中的某一个方法时，就需要一个 ArticleRepository 的实例，用来配合测试 Service。

另一方面需要注意的是，当我们在写单元测试的时候，需要自己处理这个依赖图的场景，把测试的场景和逻辑同正式的接口代码逻辑隔离开来，这是很重要的！因为我们不能为了测试而一不小心把测试数据顺带写到数据库里去。这里的做法一般是把数据放到内存中即可，毕竟测试的是代码和逻辑的正确性，连接数据库单独测试即可。

▶▶ 10. 1. 2　集成测试

集成测试的含义非常简单——将单元测试模块逐个集成/组合，并将行为测试为组合单元。

该测试的主要功能或目标是测试单元/模块之间的接口，是一个整体的模块，我们通常在"单元测试"之后进行集成测试。一旦创建并测试了所有单个单元，我们就开始组合这些"单元测试"模块并进行集成测试。

还是用上面的例子来说明，文章管理模块 ArticleController 有两个依赖：ArticleServices 和 IMapper。我们已经通过单元测试，完成了 ArticleServices 服务的所有方法的正确性，那么如何保证 Service 可以和 IMapper 完美兼容呢，这时候就需要集成测试了。还有一点需要注意，集成测试不会在周期结束时发生，而是与开发同时进行的。

集成测试是很复杂的一件事，相对于单元测试，更需要一些开发和逻辑技能。那么我们为什么还需要做集成测试呢？

举例来说：我们在平时的开发中，一个庞大的应用程序被分解为更小的模块，并且为每个开发人员分配一个相对独立的模块，所以各自的逻辑和业务可能是完全不同的，那么开发好以后，怎样保证别人开发的模块能应对自己的模块呢？换句话说，是否能保证项目可以正常地对接并运行成功呢。

另一方面，软件开发需求肯定不是一锤定音的，需要来来回回多次调整才能达到满意的效果，当数据从一个模块移动到另一个模块时，数据对象的结构和逻辑处理肯定会发生变化。这时候单元测试是没有问题的，但就更需要做集成测试了。

▶▶ 10. 1. 3　面向 TDD 测试驱动开发

上面说了单元测试和集成的概念以及存在的意义，那么如何把测试和开发结合在一起呢？一种基于测试驱动的开发方案应运而生——TDD 是敏捷开发中的一项核心实践和技术，也是一种设计方法论。TDD 的原理是在开发功能代码之前，先编写单元测试用例代码，测试代码确定需要编写什么产品代码。TDD 是 XP（Extreme Programming）的核心实践。它的主要推动者是 Kent Beck。

TDD 有以下三层含义：

Test-Driven Development，测试驱动开发。

Task-Driven Development，任务驱动开发，要对问题进行分析和任务分解。

Test-Driven Design，测试保护下的设计改善。TDD 并不能直接提高设计能力，它只是给你更多机会和保障去改善设计，如图 10-3 所示。

测试驱动开发从根本上改变了传统编码方式——先开发，看到功能再说改变和做调整的弊端。从写第一行代码的时候，就需要考虑到测试代码。比如一个新的功能，先写单元测试；运行一下新加的测试，看到它是否失败，对开发代码做很小的修改，目的就是让新加的测试通过（注意这里的目的）；运行所有的测试 TestCase，然后看到所有测试都

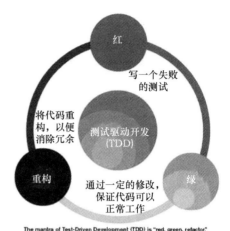

● 图 10-3　TDD 驱动开发测试图

通过了；删掉重复的代码，对代码进行重构（既包括功能代码，也包括测试代码。特别注意有提示和警告的代码部分，代码可以抽出来变成公用方法）。然后循环往复，用（测试-错误-正确-新测试-新错误-新正确）这种方式来驱动着业务的开发，既能保证代码肯定不会出错，也可以很好地理解业务，毕竟是测试业务推动的。

10.2　实例——编写单元测试案例

相信到了这里，每个人都对测试开发有了一定的了解和认识，那么如何设计一个单元测试，并通过单元测试来保证我们的项目质量呢？微软官方已经提供了一整套开发方案，只需要一步步来即可。

▶▶ 10.2.1　使用 xUnit 组件

在项目解决方案上，单击鼠标右键，创建一个 xUnit 模板的项目文件，用来专门做测试服务，如图 10-4 所示。

单击"下一步"按钮，输入项目名称，一般是以 .Tests 结尾，单击"下一步"按钮，如图 10-5 所示，此时便搭建出一个新的测试项目。

当然，也可以通过命令行的形式来创建项目，效果是一样的，在项目根目录文件夹 Code\Test\Dotnet\SwiftCode.BBS 下执行命令：

```
dotnet new xunit -o SwiftCode.BBS.Tests
```

xUnit.NET 是一个常用的针对 .NET 代码的测试框架，可用于编写单元和集成测试。像其他组件一样，它也是一组 NuGet 包，可被安装在任意项目中。

● 图 10-4　创建 xUnit 模板项目

● 图 10-5　配置项目名称

用命令行把测试项目创建好后，需要添加一个引用指向主项目：

```
dotnet sln add SwiftCode.BBS.Tests/SwiftCode.BBS.Tests.csproj
```

创建完成后，用 Visual Studio 2019 直接打开项目，可以看到初始化的结构，如图 10-6 所示。

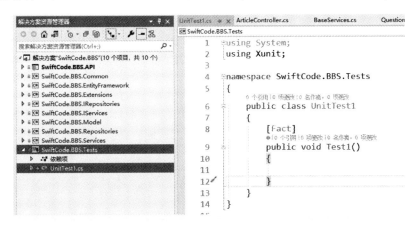

● 图 10-6　默认代码目录

这里简单看一下默认的测试类 UnitTest1. cs，和我们平时使用的类和方法是一样的，不同的是 Test1 方法上，有一个 Fact 特性。[Fact] 属性是 xUnit.NET 包里带来的，它把这个方法标记为一个测试方法。

那么如何运行呢？

使用鼠标右键单击当前要运行的方法，单击"运行测试"命令，如图 10-7 所示。

可以在测试资源管理器中看到运行结果，如图 10-8 所示。

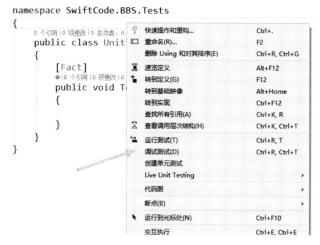

● 图 10-7　运行测试

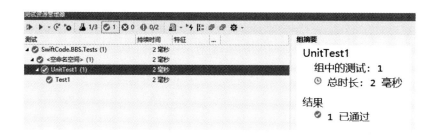

● 图 10-8　测试用例运行结果

当我们知道如何创建测试项目，并如何调试后，可以删除自动创建的文件 UnitTest1. cs，此刻已经为第一个测试的编写准备就绪了。

▶▶ 10.2.2　设计服务测试

下面编写一个单元测试来检验 ArticleServices 中的逻辑，在测试项目中创建一个新类 ArticleServicesShould. cs：

```
using System;
using Xunit;

namespace SwiftCode.BBS.Tests
```

```
    {
        public class ArticleServicesShould
        {
            [Fact]
            public void AddNewItemAsIncompleteForAdditionalAsync()
            {
// Todo …
            }
        }
    }
```

有很多不同的方法可以命名和组织测试，它们都有着各自的优缺点。建议给测试类加上 Should 后缀，然后把方法名构成一个可读性良好的句子，当然可以按自己的意愿选择命名风格。

下面看一下 ArticleServices 服务里面的 AdditionalItemAsync( ) 方法，用来补录前几天的文章功能（这里仅为了举例说明，具体场景请根据实际情况来定）：

```
public async Task AdditionalItemAsync(Article entity, bool v, int n = 0)
{
    entity.CreateTime = DateTime.Now.AddDays(-n);
    await _articleRepository.InsertAsync(entity, true);
}
```

ArticleServices 需要一个 ArticleRepository，而 ArticleRepository 需要一个 SwiftCodeBbsContext，后者通常连接到开发或生产环境里的数据库。我们不该把这些数据库用于测试。相反，可以在测试代码里使用 Entity Framework Core 的内存数据库 Provider。因为整个数据库都存在于内存里，每次测试重新开始的时候，它就会被清空。因为这是一个合乎规格的 Entity Framework Core 的 Provider，所以 ArticleServices 不会察觉有什么异样。

用一个 DbContextOptionsBuilder 来配置内存数据库的 Provider，然后对 AdditionalItemAsync( ) 发起一个调用：

首先添加 NuGet 包：

```
Install-Package Microsoft.Entity FrameworkCore.InMemory -Version 5.0.7
```

最终的 NuGet 包引用情况如图 10-9 所示。

不论是单元测试还是集成测试，都遵循 AAA（布置-执行-断言——Arrange-Act-Assert）模式：对象和数据首先被建立出来，然后执行一些动作，最后测试程序检查（断言）预期表现的存在。

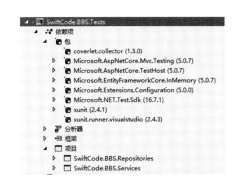

● 图 10-9　测试项目 NuGet 包安装引用

1. Arrange 布置

我们要对方法进行测试，首先就需要配置一下服务类和上下文，为了达到整个测试类的复用，可以直接在构造函数中设置上下文，代码如下：

```
    public class ArticleServicesShould
    {
private readonly DbContextOptions<SwiftCodeBbsContext> _dbOptions;

public ArticleServicesShould()
{
    _dbOptions = new DbContextOptionsBuilder<SwiftCodeBbsContext>()
        .UseInMemoryDatabase(databaseName: "in-memory")
        .Options;
}
    }
```

有了上下文，就要开始布置安排数据。

```
using (var context = newSwiftCodeBbsContext(_dbOptions))
 {
    // Arrange
    var repository = newBaseRepository<Article>(context);
    vararticlRepository = new ArticleRepository(context);
ArticleServices service = new ArticleServices(repository, articlRepository);

    varfakeArticle = new Article
    {
        Id = 1,
        Tag = "test",
        Title = "test",
        Content = "test",
CreateUser = new UserInfo() { },
CreateUserId = 1,
    };
}
```

创建一个新的名为 **test** 的测试数据，并将其存储到（内存）数据库里。为验证业务逻辑执行的正确性，请在原有的 using 代码块下编写新内容。

2. Act 动作

有了数据，下面就需要对代码做出相应的动作，比如上面的添加方法：

```
await service.AdditionalItemAsync(fakeArticle, true, 3);
```

比如查询总数量动作：

```
await context.Articles.CountAsync()
```

或者对刚刚添加的三天前的数据做出判断动作：

```
DateTimeOffset.Now.AddDays(-3) - item.CreateTime;
```

这些都是我们对要测试的 **AdditionalItemAsync** 方法做出的不同方向的判断动作，都是为了验证其是否正确。

接下来对上面对应的动作做出判断——断言。

3. Assert 断言

对应上边的三个动作，比如会有对应的三个断言，这里不一一列举，最终的代码如下所示：

```
using (var context = newSwiftCodeBbsContext(options))
{
    // 开始测试用例
    varitemsInDatabase = await context.Articles.CountAsync();
    // 断言 1:判断在当前作用域中,添加的条数是否是 1
    Assert.Equal(1,itemsInDatabase);
    // 断言 2:文章标题
    var item = await context.Articles.FirstAsync();
    Assert.Equal("test", item.Title);
    // 断言 3:是否为补录三天前,当然误差值距离望值小于一秒
    var difference = DateTime.Now.AddDays(-3) - item.CreateTime;
    Assert.True(difference <TimeSpan.FromSeconds(1));
}
```

第一个验证步骤是明智的检查：内存数据库里保存的条目绝不会超过一条。假设这个检查通过了，测试会使用 FirstAsync 方法取出存储的条目，然后断言其中的属性被设置了预期的值。

断言一个日期时间值是有些麻烦的，因为比较两个日期值的时候，就算是只有毫秒部分不同，两个值也是不等的。替代方案是检查 CreateTime 的值距离期望值小于一秒。

▶▶ 10.2.3 运行测试

可以直接在 Visual Studio 2019 中打开并运行。也可以在测试项目 \ SwiftCode. BBS. Tests 文件夹下，打开终端窗口，用命令行的形式运行以下命令：

```
dotnet test
```

test 命令在当前的项目里用［Fact］属性标记出来查找测试方法，然后运行它找到的所有测试，会看到类似这样的输出，如图 10-10 所示。

通过命令行运行后，可以看到控制台的输出结果，如图 10-11 所示。

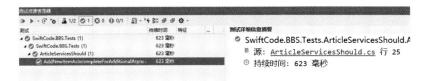

● 图 10-10　ArticleServiceShould 测试运行结果

● 图 10-11　命令窗口输出测试结果示例

```
Starting test execution, please wait...
 Discovering:SwiftCode.BBS.Tests
 Discovered:SwiftCode.BBS.Tests
 Starting:SwiftCode.BBS.Tests
 Finished:SwiftCode.BBS.Tests
Total tests:1. Passed:1. Failed:0. Skipped:0.
Test Run Successful.
Test execution time:750 ms
```

现在有了测试程序，覆盖了 ArticleServices 的测试范围。

10.3 实例——编写集成测试案例

与单元测试相比，集成测试在范围上大得多。它检验整个应用程序。集成测试并不会把一个类或组件隔离出来，而是确保程序的所有组件协作良好，这些组件包括：路由、控制器、服务、数据库访问等。

与单元测试相比，集成测试较慢，并且涵盖的范围较大，所以一般来说，一个项目会有大量的单元测试内容，而集成测试的内容则屈指可数。

为了测试整个程序栈（包括控制器），集成测试往往像网络浏览器那样向程序发起 HTTP 请求。

要执行一个集成测试，也可以启动程序，并手动向 http：//localhost：5000 发起请求。不过，ASP.NET Core 提供了一个上佳的替代品：TestServer 类。这个类能够在测试期间托管你的程序，并在测试完成之后自动关闭它。

▶▶ 10.3.1 使用 TestServer 构建服务

向 SwiftCode.BBS.Tests 项目中添加 Microsoft.AspNetCore.TestHost 包：

```xml
<ItemGroup>
  <PackageReference Include="Microsoft.AspNetCore.Mvc.Testing" Version="5.0.7" />
  <PackageReference Include="Microsoft.AspNetCore.TestHost" Version="5.0.7" />
  <PackageReference Include="Microsoft.Entity FrameworkCore.InMemory" Version="5.0.7" />
  <PackageReference Include="Microsoft.Extensions.Configuration" Version="5.0.0" />
  <PackageReference Include="Microsoft.NET.Test.Sdk" Version="16.7.1" />
  <PackageReference Include="xunit" Version="2.4.1" />
  <PackageReference Include="xunit.runner.visualstudio" Version="2.4.3">
    <IncludeAssets>runtime; build; native; contentfiles; analyzers; buildtransitive</IncludeAssets>
    <PrivateAssets>all</PrivateAssets>
  </PackageReference>
  <PackageReference Include="coverlet.collector" Version="1.3.0">
    <IncludeAssets>runtime; build; native; contentfiles; analyzers; buildtransitive</IncludeAssets>
    <PrivateAssets>all</PrivateAssets>
  </PackageReference>
</ItemGroup>
```

除了应用 NuGet 包以外，还需要将 API 层引入进来，如图 10-12 所示。

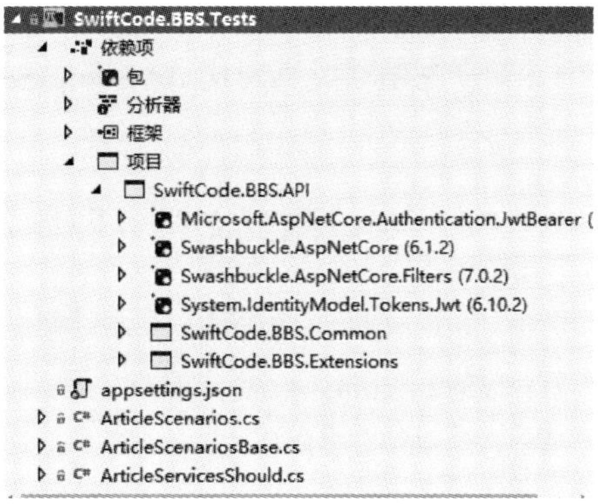

集成测试是对某一个功能进行集中测试，所以不能像单元测试那样只有简单的 Mock 数据，这时候就需要一个 Server 来临时充当我们的应用服务器，提供测试服务，官方已经考虑到了这一点，并且提供了一个 API——UseTestServer( )方法，这里有两种方案，第一种是直接运行一个 TestServer 的实例，代码如下：

● 图 10-12　集成测试需要引用的依赖

```
public static TestServer GetTestServer()
{
    var builder = newWebHostBuilder()
        .UseStartup<Startup>()
        .ConfigureAppConfiguration((context, config) =>
        {
            config.AddJsonFile("appsettings.json");
        });

    var _server = newTestServer(builder);
    return _server;
}
```

这种方式也是可行的，但是在 .NET 5.0 以后，因为使用了 Autofac，这种方式不能把 Autofac 容器注入 TestServer 里，所以本书实例采用了第二种方式，通过自定义 HostBulider 的方式来创建 Server。

先在 Tests 层创建服务基类 ArticleScenariosBase. cs，然后添加以下代码：

```
public static IHostBuilder GetTestHost()
{
    return newHostBuilder()
        //替换 autofac 作为 DI 容器
        .UseServiceProviderFactory(new AutofacServiceProviderFactory())
        .ConfigureWebHostDefaults(webBuilder =>
        {
webBuilder
            .UseTestServer()
            .UseStartup<Startup>();
        })
        .ConfigureAppConfiguration((host, builder) =>
        {
            builder.SetBasePath(Directory.GetCurrentDirectory());
            builder.AddJsonFile("appsettings.json", optional: true);
            builder.AddEnvironmentVariables();
        });
}
```

使用 webBuilder 中的 UseTestServer 方法，建立 TestServer 用于集成测试。

另外，如果网站并没有使用 Autofac 替换原生 DI 容器，UseServiceProviderFactory 这句话就可以去除。

▶▶ 10.3.2 集成测试文章管理场景

有了 TestServer 以后，就可以开始写测试用例了。

新建 ArticleScenarios.cs 类，编写一个测试用例：用分页的形式进行展示。

```
[Fact]
publicasync Task Get_get_articles_by_page_and_response_ok_status_code()
{
    // Arrange 获取服务
    using var server = await ArticleScenariosBase.GetTestHost().StartAsync();

    // Action 发起接口请求
    var response = await server.GetTestClient()
        .GetAsync("/api/article/getlist? page=1&pageSize=5");

    // Assert 确保接口状态码是200
    response.EnsureSuccessStatusCode();
}
```

通过刚刚创建的 TestHost 开启一个 server，然后运行我们的文章场景下的分页列表接口，可以看到以下的输出测试成功结果，如图 10-13 所示。

● 图 10-13 集成测试文章场景的测试结果

当然，正式的生产环境一般都会对接口进行加权处理，如图 10-14 所示。

```
namespace SwiftCode.BBS.API.Controllers
{
    /// <summary>
    /// 文章
    /// </summary>
    [Route(template: "api/[controller]/[action]")]
    [ApiController]
    [Authorize]  ◄──
    1 个引用 |HONG, 效 天前 |1 名作者, 12 项更改
    public class ArticleController : ControllerBase
    {
        private readonly IArticleServices _articleServices;
        private readonly IBaseServices<UserInfo> _userInfoService
        private readonly IMapper _mapper;

        0 个引用 |HONG, 23 天前 |1 名作者, 1 项更改
        public ArticleController(IArticleServices articleServices
        {
            _articleServices = articleServices;
            _userInfoService = userInfoService;
            _mapper = mapper;
        }
```

● 图 10-14 接口加权处理

我们再看一下测试结果，如图 10-15 所示。

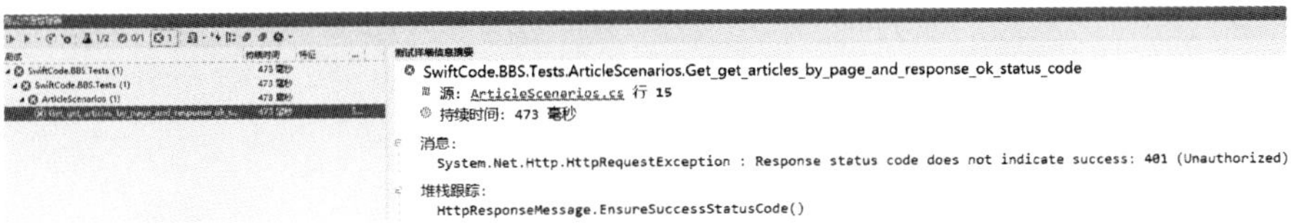

● 图 10-15　接口加权后的集成测试结果

这其实是正确的情况，也是我们希望看到的情况。如果忘记给重要的接口加权限，那么这个时候，可以修一下断言：

```
// Assert 接口状态码是 401
Assert.Equal(HttpStatusCode.Unauthorized, response.StatusCode);
```

这时再看一下测试的结果，如图 10-16 所示。

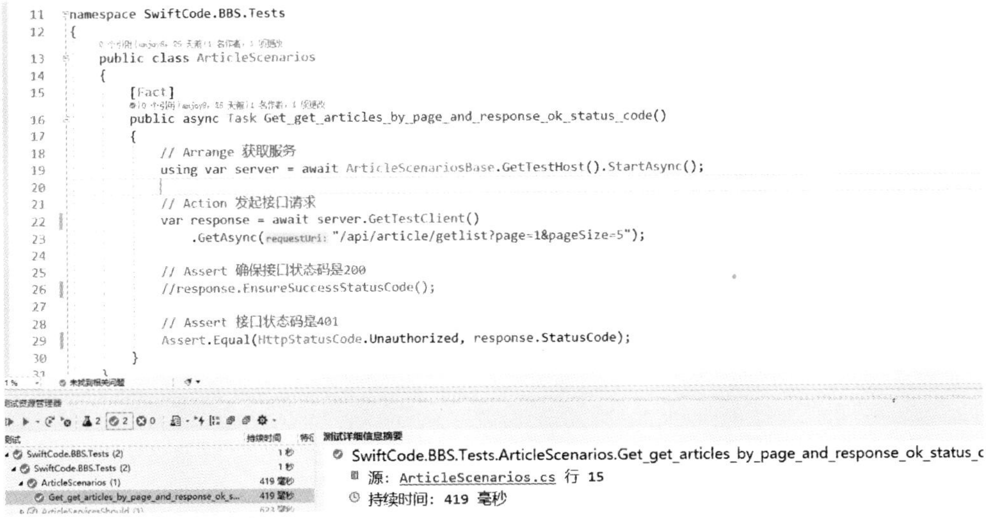

● 图 10-16　断言修改后的测试结果

这毕竟不是最好的办法，如何成功地通过鉴权测试接口呢？可以通过添加令牌的方式。

▶▶ 10.3.3　携带令牌访问 API 接口

访问加权的接口，很自然地需要一个令牌，在之前将 JWT 鉴权的时候，已经封装好了一个 JwtHelper，现在可以直接拿来用，然后在 ArticleScenariosBase 基类中实例化一个 HttpClient 的实例方法：

```
public staticHttpClient GetTestClientWithToken(this IHost host)
{
    // 获取令牌
TokenModelJwt tokenModel = new TokenModelJwt { Uid = 1, Role = "Admin" };
    varjwtStr = JwtHelper.IssueJwt(tokenModel);
```

```
            var client = host.GetTestClient();
            client.DefaultRequestHeaders.Add("Authorization", $"Bearer {jwtStr}");
            return client;
        }
```

修改上面的测试用例，使用 GetTestClientWithToken 来创建 HTTPClient 实例，并查看测试结果，如图 10-17 所示。

到这里，集成测试已经完成了。

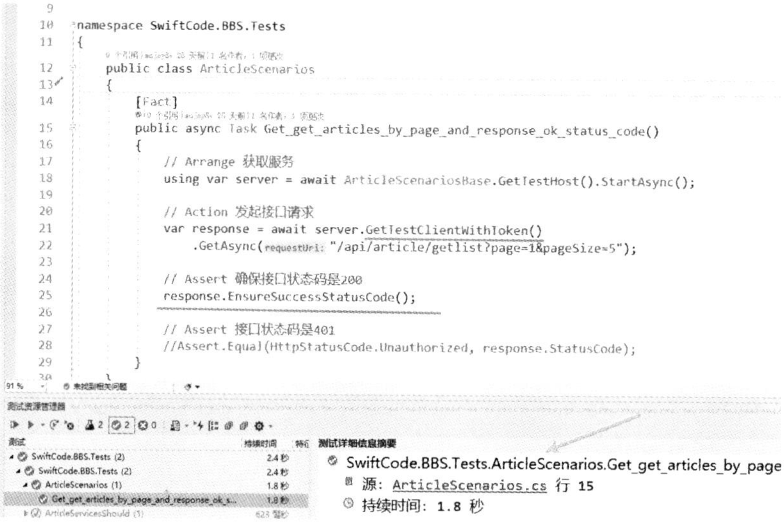

● 图 10-17 使用令牌访问加权接口测试结果

10.4 小结

本章重点讲解的相关知识点如下：

（1）单元测试和集成测试的概念；

（2）TDD 测试的意义；

（3）如何编写一个单元测试的案例；

（4）如何编写一个集成测试的案例；

（5）如何集成测试一个加权的接口案例。

第11章

实战：发布与部署真机

在经过之前的学习，我们已经完成了一个基础结构的企业级 .NET 5.0 跨平台框架方案，同时，通过代码的帮助，大家在各个专项知识上，想必也有了更深层的理解。有了这些内容和经验，在以后的开发过程中，肯定可以独当一面。

现在万事俱备，只欠东风——如何把自己开发的项目，发布和部署到服务器中，并可以在公网内访问，让所有人都可以访问到它。

今天我们准备了两台服务器，分别是基于 IIS 的 Windows 服务器和基于 Nginx 的 Linux 服务器，当然除了这两种发布和部署方式，还有其他的，比如基于 Windows Service 部署、Azure 云部署、Docker 容器化等概念，本书因为篇幅有限，不会全部讲解到，如果大家对这些内容感兴趣，欢迎加入我们的读者群，一起交流分享。

11.1 通过 VS 发布

在之前的学习和开发中，我们已经领略了 Visual Studio 2019 的强大之处。当然不仅仅是在发方面，用它来发布我们的项目，也是十分简便的。

首先，打开示例项目 SwiftCode. BBS，将 Swift-Code. BBS. API 层设为启动项目，并在 Swift-Code. BBS. API 层上，单击鼠标右键，可以看到"发布"命令，如图 11-1 所示。

其次，单击"发布"命令，进入发布配置页面，如图 11-2 所示，Visual Studio 2019 一共有 6 种发布方式，分别如下：

（1）发布到 Azure 云平台；

（2）发布到 Docker 容器注册表；

（3）发布到本地的文件夹；

（4）发布到 FTP 服务器；

● 图 11-1 "发布"命令

（5）直接发布到 IIS 部署；

（6）将配置好的数据，以文件的形式导入。

本书采用平时使用最多的发布模式——第三种，将编译成功的应用程序发布到本地文件夹中，这样可以方便在任意平台进行部署，而不是局限于 IIS 或者 Windows 服务器。

接着，单击"文件夹"选项，弹出窗口，配置文件夹位置，界面很详细地列举了配置路径规则——相对路径、绝对路径和网络路径均可。我们使用默认路径，发布到 SwiftCode. BBS. API 层的 bin 文件夹路径下，如图 11-3 所示。

最后单击"完成"按钮，一个发布方案就创建成功了，以后都可以基于当前创建的方案来发布，也可以进行新建、编辑、删除等基本操作，如图 11-4 所示。

此刻，可以直接单击右上角的"发布"按钮，发布已经编译通过的项目，不过别着急，除此之外，发布还有一个重要的概念，就是部署模式的设置。

● 图 11-2　选择发布方式

● 图 11-3　设置发布位置

● 图 11-4　操作发布方案

▶▶ 11.1.1　框架依赖部署模式

在之前的章节中，我们说到了 .NET 5.0 最后需要发布打包成二进制文件，才能被服务器认识并托管运行，可见发布和部署的时候，是离不开 ASP. NET Core 运行时的。官方给出了两种部署模式——依赖框架和独立，以供用户在不同的场景下选择最优的方案。

官方默认的部署模式就是框架依赖。

在创建好的发布配置中，查看配置节点，有一个"编辑笔"图标，单击该图标，弹出设置页面，如图 11-5 所示。

从上至下分别如下：

（1）发布文件配置——Release 和 Debug，Debug 通常称为调试版本，它包含调试信息，并且不做任何优化，便于程序员调试程序。Release 称为发布版本，它往往进行了各种优化，使得程序在代码大小和运行速度上都是最优的，以便用户很好地使用。

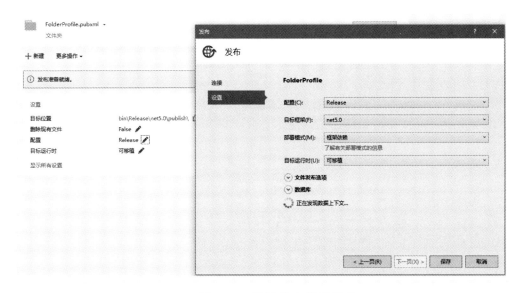

● 图 11-5　设置发布部署模式

（2）目标框架——当前项目所选的 SDK 版本，同时也是对应的运行时版本。

（3）部署模式——框架依赖和独立。

（4）对应要发布的服务器运行时。

（5）其他数据库配置和 EF Core 迁移。

其他的都比较简单，我们重点看一下部署模式，官方默认的就是可移植的框架依赖部署模式，这种模式顾名思义，需要在对应的目标服务器上安装其所依赖且对应的运行时。

选择默认的"框架依赖"，单击"保存"按钮，再单击"发布"按钮开始发布，如图 11-6 所示。

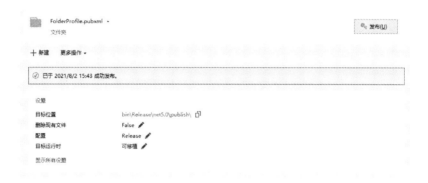

● 图 11-6　发布应用项目

很快发布完成，然后就可以在 SwiftCode.BBS.API 层的 bin 文件夹下，查看具体的多个二进制文件，如图 11-7 所示。

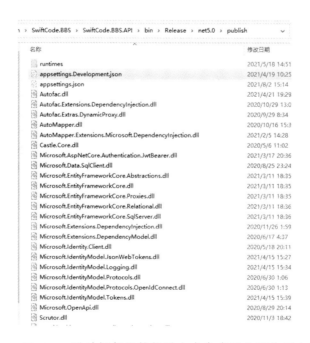

● 图 11-7　通过框架依赖部署方式发布后的可执行文件

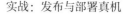

项目启动有两种方式，可以直接点击 SwiftCode. BBS. API. exe 可执行文件，也可以在 CMD 窗口中切换到当前文件夹，使用命令行来启动，效果是一样的。

```
dotnet SwiftCode.BBS.API.dll
```

这种部署模式需要将全部文件复制到服务器，并且在目标服务器上安装对应的运行时，本书项目的运行时是 .NET 5.0 运行时。

▶▶ 11.1.2 独立部署模式

框架依赖的方式发布的文件比较小，也比较灵活，缺点就是需要在目标服务器上安装指定的运行时，如果是多个框架的项目，就需要下载并安装多种运行时，显得比较麻烦，官方考虑到了这一点，同时提供了另一种部署模式——独立部署，这是一种直接将目标运行时打包到二进制文件的部署方式。

继续根据上面的操作步骤，点击"编辑笔"图标，打开设置页面。

修改"部署模式"选择为——独立，选择目标运行时为 win-x86，单击"保存"按钮，再单击"发布"按钮，等待发布完成，如图 11-8 所示。

● 图 11-8 独立部署模式发布

发布完成后，可以看到多了很多非应用项目的二进制文件，如图 11-9 所示，那些就是基于 win-x86 的运行时文件。我们直接将文件夹复制到新的且从未安装过 .NET 5.0 运行时的服务器中，双击 SwiftCode. BBS. API. exe 可执行文件，就能看到效果，这就是最大的好处。

其他目标运行时的发布方式与此一致。

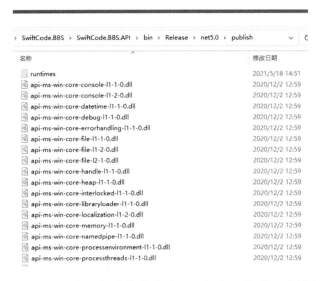

● 图 11-9　独立部署模式发布后，部分运行时二进制文件

11.2　通过命令行发布

使用 Visual Studio 2019 来发布应用程序是很方便的，但是随着开发的日益熟练，使用 VS 来发布，就稍显有些烦琐，比如紧急发布一个项目，我们还需要打开 Visual Studio 2019，可能还会受到计算机配置的影响耽误一些时间。

在之前的文章中，命令行 CLI 这个单词一直活跃在开发中，在开发后期，合理使用 CLI 来创建、编译和发布应用项目，将会受到事半功倍的效果。

如果我们熟悉并掌握了 CLI 来发布，前面发布的过程（框架依赖模式和独立部署模式）只需要一条指令即可全部搞定，如表 11-1 所示。

表 11-1　发布应用程序 CLI 命令表

发 布 模 式	SDK 版本	命　　　令
依赖于框架的可执行文件	3.1	dotnet publish -c Release -r <RID> --self-contained false
		dotnet publish -c Release
	5	dotnet publish -c Release -r <RID> --self-contained false
		dotnet publish -c Release
独立部署	2.1	dotnet publish -c Release -r <RID> --self-contained true
	3.1	dotnet publish -c Release -r <RID> --self-contained true
	5	dotnet publish -c Release -r <RID> --self-contained true

关于背后的原理，其实很简单，我们在安装 SDK 的时候，已经包含了所有的 CLI 命令，这里简单说一下用 CLI 来发布应用项目的基础知识。

发布应用时，项目文件的 <TargetFramework > 设置指定默认目标框架。可以将目标框架更改为任意有效的目标框架名字对象（TFM）。如果项目使用<TargetFramework > net5.0 </TargetFramework > ，则会创建以 .NET 5.0 为目标的二进制文件。此设置中指定的 TFM 是 dotnet publish 命令使用的默认目标。

若要以多个框架为目标，则可以将<TargetFrameworks > 设置为多个 TFM 值（以分号分隔）。当生成应用时，会为每个目标框架生成一个内部版本。但是当发布应用时，必须使用 dotnet publish -f <TFM > 命令指定目标框架。

如果没有特别设置，则 dotnet publish 命令的输出目录为 ./bin/<BUILD-CONFIGURATION >/<TFM >/publish/。

除非使用-c 参数进行更改，否则默认的 BUILD-CONFIGURATION 模式为 Debug。例如 dotnet publish -c Release -f netcoreapp3.1 发布到 ./bin/Release/netcoreapp3.1/publish/。

如果使用 .NET Core SDK 3.1 或更高版本，则默认发布模式为依赖于框架的可执行文件。

首先切换到 SwiftCode.BBS.API 的应用层，然后打开 CMD 命令窗口，下边两张图分别是对 11.1.1 节的框架依赖部署模式和 11.1.2 节的独立部署模式进行 CLI 命令行发布的写法，如图 11-10 和图 11-11 所示。

● 图 11-10　通过 CLI 发布框架依赖部署模式

● 图 11-11　通过 CLI 发布独立部署模式

可以看到，只需要一行代码，传递不同的参数，就能搞定之前的各种配置，效率很高。当然，如果是初学者，更建议使用 Visual Studio 2019 界面化操作方式。

11.3 在 Windows 服务器中部署

学完了发布，就可以正式在服务器上部署了。首先要拥有一台属于自己的服务器，当然也可以在本地计算机上发布测试，但是为了正式且真实的测试效果，建议在服务器上进行操作。服务器获取途径有很多，无论是在学校免费申请服务器的学生，还是工作后使用公司的服务器，最后也可以在各大云服务商平台购买。

这里假设你已经拥有了一台 Windows 的服务器，为了做演示，这里以一台 2 核 4G 内存的 Windows Server 2012 R2 64 位云服务器为例，带宽可以根据自己的情况而定，没有太大要求，如图 11-12 所示。

● 图 11-12　Windows 服务器配置

如果仅仅是为了试验 .NET 5.0 部署，云服务器最低配置使用 1 核 2G 即可，但是因为后期可能会用到 Docker 相关内容，所以还是尽量配置高一些。

购买成功后，本地计算机通过"mstsc"远程登录服务器，操作界面如图 11-13 所示。

● 图 11-13　Windows Server 2012 R2 界面

▶ 11.3.1 安装 IIS 服务器

登录成功后，依次在服务器中打开"控制面板""程序""启用或关闭 Windows 功能"，从而唤起"添加角色和功能向导"窗口，如图 11-14 所示。

一直单击"下一步"按钮，直到出现"服务器角色"选项栏，安装需要的"角色"窗口，勾选"Web 服务器（IIS）"选项，此时会弹出确认窗口，单击"添加功能"按钮即可，如图 11-15 和图 11-16 所示。

● 图 11-14　添加角色和功能向导窗口

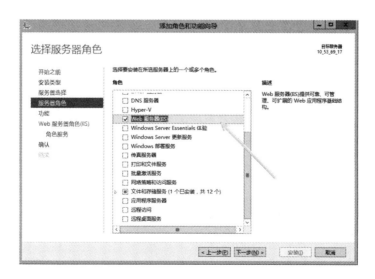

● 图 11-15　添加 IIS 角色

单击"下一步"按钮，在"功能"栏目也可以根据需要选择某些功能，这里还是按照默认情况，不选择其他功能，直接单击"下一步"按钮，打开"角色服务"窗口，这里是全部关于

IIS 的配置，为了后期其他功能，直接全部勾选，如图 11-17 所示。

● 图 11-16　添加功能

● 图 11-17　添加 IIS 具体的角色服务

接下来单击"下一步"按钮，然后直接安装。安装成功后，可能会提示重启服务器，按照提示重启即可。

服务器重启后，双击打开"IIS"，检测是否安装成功，可以直接在公网访问你的 IP 地址，比如 http://ip，这时会弹出默认 80 端口的 IIS 欢迎页面（注意要把对应的端口开放出来，具体的操作步骤此处省略），如图 11-18 所示。

为了更好地说明问题和详细步骤，我们以框架依赖方式部署，全部复制到服务器中，比如 C:\web\SwiftCode.BBS.API\net5.0，如图 11-19 所示。

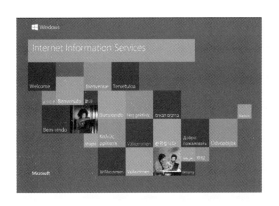

● 图 11-18 IIS 默认欢迎页面

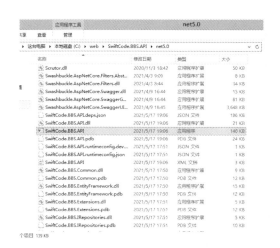

● 图 11-19 复制发布后的文件到服务器

▶▶ 11.3.2 安装运行时并开启站点服务

接下来就是最关键的一步，安装运行时。

打开官网 https://dotnet.microsoft.com/download，下载 .NET 5.0 运行时，如图 11-20 所示。

这里有两种安装包，在之前的文章中，我们说到过左侧是在自己的笔记本中运行应用程序的，右侧是的在服务器中运行应用程序的，它是一个捆绑包，除了运行时外，还有一个 Host 宿主机托管包，它包含了一个 IIS 的模块。我们下载服务器版本安装包，如图 11-21 所示。

下载完成后，复制到服务器，点击安装包进行安装即可。

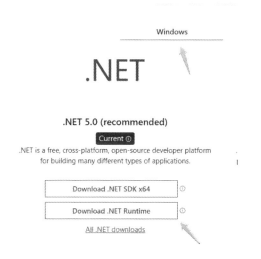

● 图 11-20 下载 .NET 5.0 运行时

安装成功后，双击刚刚复制到服务器的 SwiftCode. BBS. API. exe 可执行文件夹，看到输出窗口能正常输出信息，表示运行时安装成功，如图 11-22 所示。

接下来就是最后一步——配置 IIS 站点，过程很简单，直接单击鼠标右键，选择"新建站点"命令，配置地址即可，如图 11-23 所示。

IIS 站点配置完成后，就可以直接在公网上查看效果了，访问地址比如 http://ip:90。到此，IIS 中发布和部署就完成了，如果中间有任何的问题，可以在 web. config 中开启 IIS 启动日志，根据具体的问题再逐一来针对性进行处理，这里因为篇幅有限，不可能把各种注意事项逐一罗列出来，欢迎加入读者群，一起交流。

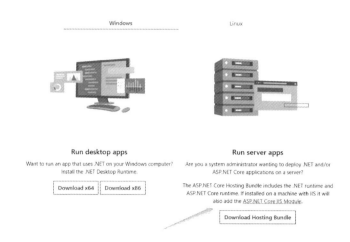

● 图 11-21 下载可运行服务器应用程序的托管包

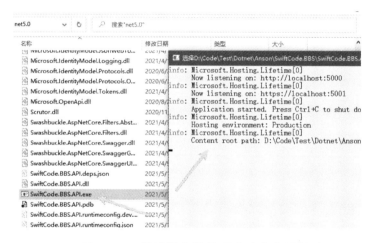

● 图 11-22 测试服务器是否成功安装运行时

● 图 11-23 IIS 站点配置

11.4 在 Linux 服务器中部署

相信到了这里，应该能很熟练地把项目部署到本地计算机或者 Windows 服务器上了，这是一个很大的进步，当然如果你不安于此，那么 Linux 服务器会成为以后学习和成长必不可少的一部分，无论是就业需求还是未来发展，Linux 服务器肯定会成为主流服务器，接下来按照上面的步骤，在 Linux 服务器中部署 .NET 5.0 应用程序项目。

此刻，同样默认你已经拥有了一台 Linux 服务器，比如作为案例的 Linux 服务器配置是 2 核 4G 的 CentOS 7.6 64 位 Linux 服务器，如图 11-24 所示。

● 图 11-24　示例 Linux 服务器配置

购买成功后，可以有很多种方式来连接 Linux 服务器，本书统一使用 FinalShell 作为连接工具，相关的连接配置和连接成功画面，如图 11-25 和图 11-26 所示。

● 图 11-25　使用 FinalShell 连接 Linux 服务器

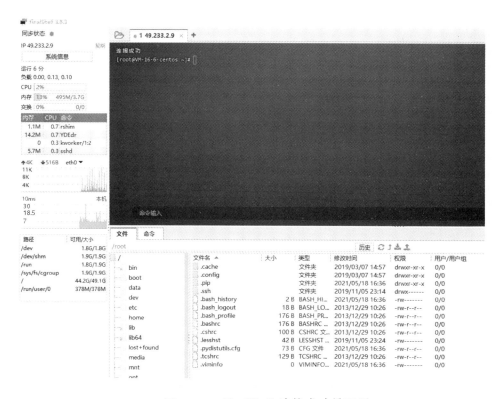

● 图 11-26　FinalShell 连接成功界面图

▶▶ 11.4.1　安装运行时并使用 Kestrel 启动服务

准备好了服务器，接下来就需要准备环境——基于 Linux 目标服务器的运行时。

还是在官网：https://dotnet.microsoft.com/download 下，选择 Linux 选项，单击 "Install .NET" 按钮，然后会跳转到微软 doc 文档库地址，找到 CentOS 即可根据步骤来逐一操作。如果不想这样烦琐地寻找，就往下看，直接执行命令吧。

（1）在安装 Dotnet Core 前，需要注册 Microsoft 签名密钥并添加 Microsoft 产品提要，每台计算机只需注册一次，执行如下命令：

sudo rpm -Uvh https：//packages.microsoft.com/config/rhel/7/packages-microsoft-prod.rpm

（2）执行 yum 包，更新升级命令：

sudo yum update

（3）通过 ASP.NET Core 运行时，可以运行使用 .NET 开发且未提供运行时的应用。以下命令将安装 ASP.NET Core 运行时，这是与 .NET 最兼容的运行时。在终端中，运行以下命令：

sudo yum installaspnetcore-runtime-5.0

然后输入 dotnet 命令，查看是否安装成功，整体安装过程如图 11-27 所示。

接下来，把上面发布的项目（注意是通过可移植的框架依赖部署方式发布的）复制到指定的文件夹下，比如/home/SwiftCode.BBS.API 文件夹下，注意 Linux 是区分大小写的，如图 11-28 所示。

● 图 11-27　.NET 5.0 运行时安装过程

● 图 11-28　发布文件到 Linux 服务器

切换到当前文件夹，执行命令：

```
dotnet SwiftCode.BBS.API.dll
```

查看是否可以正常输出结果，若输出以下结果，表示环境搭建成功，如图 11-29 所示。

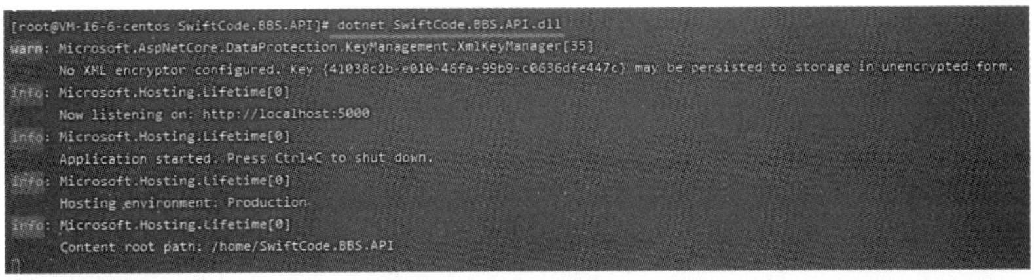

● 图 11-29　应用程序正常输出到窗口

▶▶ 11.4.2　配置 Supervisor 守护服务

至此基本完成了部署，但还是存在着其他的问题：

（1）ASP.NET Core 应用程序运行在 shell 中，如果关闭 shell，则会发现 ASP.NET Core 应用被关闭，从而导致应用无法访问，这种情况当然是我们不想遇到的，而且生产环境对这种情况是零容忍的。

（2）如果 ASP.NET Core 进程意外终止，那么需要人为连入 shell 进行再次启动，这种操作往往不够及时。

（3）如果服务器宕机或需要重启，则还是需要连入 shell 进行启动。

为了解决这些问题，需要有一个程序来监听 ASP.NET Core 应用程序的状况。

那么要解决这些问题，就必须实现这样一个功能。如果 ASP.NET Core 意外终止，那么要自动重启；如果服务器重启后，要有一个类似的脚本命令，自动执行 dotnet 命令。现在正好有一个基于 Python 开发的工具，Supervisor 可以解决上述问题。

首先，安装 Supervisor 和依赖的 Python 环境：

```
yum install python-setuptools
easy_install supervisor
```

其次，配置 Supervisor：

（1）运行 supervisord 服务的时候，需要指定 Supervisor 配置文件，所以先通过如下命令创建目录，以便让 supervisor 成功加载默认配置：

```
mkdir /etc/supervisor
```

（2）目录创建成功后，通过 echo_supervisord_conf 程序（用来生成初始配置文件，文件名可以自定义）来初始化一个配置文件：

```
echo_supervisord_conf > /etc/supervisor/supervisord.conf
```

（3）通过 vim 命令修改创建好的 supervisord.conf 配置信息：

```
vi /etc/supervisor/supervisord.conf
```

（4）找到最后一行，将：

```
;[include]
;files = relative/directory/* .ini
```

替换为：

```
[include]
files = /etc/supervisor/conf.d/* .ini
```

（5）在/etc/supervisor/目录下创建一个 conf.d 文件夹。

（6）在 conf.d 文件夹下，为我们部署的.NET 5.0 添加进程配置文件，内容如下：

```
[program:SwiftCodeBBSAPI]
command = dotnet /home/SwiftCode.BBS.API/SwiftCode.BBS.API.dll
directory = /home/SwiftCode.BBS.API/
autostart = true
autorestart = true
```

```
stderr_logfile = /var/log/SwiftCodeBBSAPI.err.log
stdout_logfile = /var/log/SwiftCodeBBSAPI.out.log
environment = ASPNETCORE_ENVIRONMENT = Production
user = root
stopsignal = INT
```

（7）启动 Supervisor 服务。

supervisord-c /etc/supervisor/supervisord. conf

（8）查看 Supervisor 状态。

```
supervisorctl status
ps -ef | grepSwiftCode.BBS.API.dll
```

可以看到应用程序已经被启动，并被进程所监听，虽然可以守护进程，关闭窗口断开连接后也能正常监听端口，但还是有很多其他的问题需要我们来考虑，比如重启服务器后，supervisor 服务还是需要手动来开启等，所以需要配置 Linux 服务器下 Supervisor 的开机自动启动，具体的写法本书不做过多讲解，欢迎大家浏览官网或者加入读者群一起交流。最终结果如图 11-30 和图 11-31 所示。

● 图 11-30　设置 Supervisor 配置文件

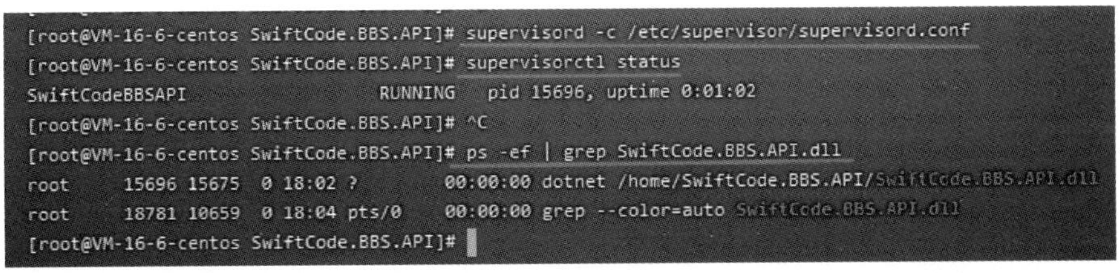

● 图 11-31　Supervisor 守护应用程序服务

▶▶ 11.4.3 使用 Nginx 作为代理服务器

应用程序服务已经运行，并且也做了进程守护，但是此时外网还是无法访问，需要一个类似 Windows 的 IIS 服务器工具，将服务代理到公网。在 Linux 服务器中，经常使用的是 Nginx 代理服务器做托管服务。

（1）安装 Nginx。

```
curl -oNginx.rpm http://Nginx.org/packages/centos/7/noarch/RPMS/Nginx-release-centos-7-
0.el7.ngx.noarch.rpm
rpm -ivh Nginx.rpm
yum installNginx
```

（2）启动 Nginx。

```
systemctl start Nginx
```

（3）设置开机启动（Linux 宕机、重启会自动运行 Nginx，不需要去输入命令）。

```
systemctl enable Nginx
```

（4）测试 Nginx 是否可以访问，结果如图 11-32 和图 11-33 所示。

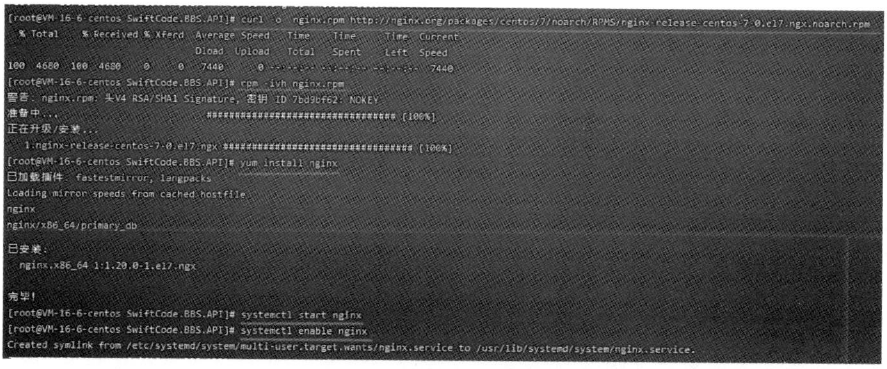

• 图 11-32 Nginx 安装过程

Welcome to nginx!

If you see this page, the nginx web server is successfully installed and working. Further configuration is required.

For online documentation and support please refer to nginx.org.
Commercial support is available at nginx.com.

Thank you for using nginx.

• 图 11-33 Nginx 欢迎页面

最后，配置 Nginx 对 ASP.net Core 应用的转发。

修改 Nginx 的/etc/Nginx/conf.d/default.conf 文件，替换为：

```
server {
    listen 80;
    location / {
```

```
        proxy_pass http://localhost:5000;
        proxy_http_version 1.1;
        proxy_set_header Upgrade $http_upgrade;
        proxy_set_header Connection keep-alive;
        proxy_set_header Host $host;
        proxy_cache_bypass $http_upgrade;
    }
}
```

然后重新加载，即时生效：

```
sudoNginx -t
Nginx -s reload
```

访问站点，比如 http://ip，应该能看到 Swagger 界面效果。

到这里，在 Linux 中部署 .NET 5.0 已经真正完成了。

11.5 配置外网可访问的域名

上面已经可以直接通过 IP 地址来访问项目了，只不过 IP 地址不够清晰，同时也不容易记忆。一般这个时候就需要把 IP 地址绑定到一个域名上，通过域名来解析 IP 地址，从而达到目的。

如果要实现这个需求，首先需要拥有一个域名，然后在云服务商或者 DNS 域名解析商那里做映射配置，这里默认你已经拥有了一个域名：SwiftCode. BBS，然后添加一条解析记录即可，如图 11-34 所示。

● 图 11-34　添加域名解析记录

第二步就是配置 Nginx，将我们的服务站点绑定到域名上，修改 default. conf 文件：

```
server {
    listen 80;
    server_nameSwiftCode.BBS;
    location / {
        proxy_pass http://localhost:5000;
        proxy_http_version 1.1;
        proxy_set_header Upgrade $http_upgrade;
        proxy_set_header Connection keep-alive;
```

```
        proxy_set_header Host $host;
        proxy_cache_bypass $http_upgrade;
    }
}
```

到这里，再访问域名，就可以看到应用程序项目了。

11.6 小结

学习完本章，你可以学到以下内容：

（1）如何发布.NET 5.0 项目；

（2）如何在 Windows 服务器中部署；

（3）如何在 Linux 服务器中部署；

（4）如何守护程序进程；

（5）如何代理应用程序服务；

（6）如何给应用程序配置域名。

第12章

▶▶▶▶▶▶

前 端 入 门

在前面的 11 章中，已经对 ASP.NET Core 做了详细讲解，从环境搭建到示例项目，最后到 BBS 论坛案例接口设计，一步步对后端知识做了全方位的解读。既然是实战，一套完整的，可供展示的前端界面设计是必不可少的，当前市面上比较流行的三大前端框架分别是：Vue、React、Angular，三者学起来的困难程度逐渐递增。作者选择容易上手且国内使用较多的 Vue 框架，并采用了其最新的 3.0 版本，作为配合 .NET 后端接口，搭建完整的一体化平台。

从本章开始讲解前端的相关内容，主要从基础概念讲起，然后搭建 Vue 3.0 开发环境，最后构建一个完整的 UI 界面，配合后端做数据展示。

本章从基础知识讲起，内容有 Promise 类型、异步方法、ES6 模块化编程、JavaScript 超集之 TypeScript、CSS 扩展语言之 Sass。

12.1 Promise 类型

Promise 是一个类型，与 C#中的 Task 类似，是用来包装异步操作的容器。

它有以下特点：

（1）Promise 有三种状态：pending（进行中）fulfilled/resolved（已成功）和 rejected（已失败）。

（2）Promise 一旦创建，则立即执行且状态不会被中途改变，所以它的状态变更只有两种情况：从"进行中"到 resolved 或者从"进行中"到 rejected。

▶▶ 12.1.1 基本用法

创建一个 Promise 对象。

```
const promise = new Promise((resolve, reject) => {
  //这里一般是异步操作
  if (true){
    resolve("成功");//这是一个成功时的回调函数,可以往里面传递数据,使得调用者能获取想要的
数据。
  } else {
```

```
    reject("失败");//这是失败时的回调函数,也可传递数据。
  }
});
调用 promise
promise.then(function(value) {
  console.log(value);//成功时执行
}, function(error) {
  console.log(error);//失败时执行
});
在回调中可以返回 Promise,然后可以继续调用。
const promise = new Promise(resolve => resolve("成功1"));
promise.then(function(value) {
  console.log(value);
  return new Promise(resolve => resolve("成功2"));
})
.then(function(value){
  console.log(value);
  return new Promise(resolve => resolve("成功3"));
})
.then(function(value){
  console.log(value);
});
```

如果是之前的 jQuery 使用 Ajax,这样的异步操作要嵌套三层,但其实只有一层。Promise 的出现就是为了解决原先异步操作回调的问题。

▶▶ 12.1.2 异常处理

then( )是 Promise 实例上的 API,它接受两个参数:成功的回调和失败的回调。

```
const promise = new Promise((resolve, reject) => reject("失败"));
promise.then(function(value) {
  console.log(`成功了-${value}`);
},function(value) {
  console.log(`失败了-${value}`);
});
//输出:失败了-失败
```

另外还有一个 catch 方法,可以捕捉失败的异步操作,这样就没必要每个 then 都写失败回调了。直接在顶级的 Promise 写上 catch( )就行。

```
const promise = new Promise(resolve => resolve("成功"));
promise.then(function(value) {
  console.log(`成功了-${value}`);
  return new Promise((resolve, reject) => reject("失败"));
})
.then(function(value) {
  console.log(`成功了-${value}`);
})
.catch(function(value) {
```

```
    console.log(`失败了-${value}`);
});
/*
输出：
成功了-成功
失败了-失败
*/
```

有了 catch，自然就有 finally。finally：不管异步操作成功与否，都会执行。

```
const promise = new Promise(resolve => resolve("成功"));
promise.then(function(value) {
    console.log(`成功了-${value}`);
})
.finally(function(value){
    console.log("执行了");
});
/*
输出：
成功了-成功
执行了
*/
```

还有一个 Promise. try 方法。如果认为 Promise 创建时有可能出现错误，则可以这样写：

```
Promise.try(() => {
    //这里有一些可能会报错的代码
    return new Promise(resolve => resolve("成功"));
})
.then(function(value) {
    console.log(`成功了-${value}`);
})
.catch(function(value) {
    console.log(`失败了-${value}`);
})
.finally(function(value){

    console.log("执行了");
});
```

▶▶ 12. 1. 3 对象转成 Promise

有时需要将一个非 Promise 的对象包装成 Promise 对象，那么可以使用 Promise. reject 方法。

```
Promise.resolve(1);
/*
等同于：
new Promise(resolve => resolve(1));
*/
```
上面的写法是转成成功(resolved)的 Promise,当然我们也可以转成失败(rejected)的 Promise。
```
Promise.reject(1);
```

```
/*
等同于：
new Promise((resolve, reject) => reject(1));
```

▶▶ 12.1.4 批量执行

批量执行异步操作是一个很常见的场景。Promise 有许多方法可以批量执行。

这些方法有以下共同点：

（1）它们的参数可以是数组或者其他实现了 Iterator 接口的类型（注：Iterator 类似于 C#中的 Enumerable）。

（2）它们都是在执行完成后，包装成一个新的 Promise 返回值。

（3）参数数组里面有某个值不是 Promise，则会自动调用 Promise. resolve 转成 Promise。

```
//先准备好一组 Promise 方便下面使用：
const p1 = new Promise(resolve => resolve("成功1"));
const p2 = new Promise(resolve => resolve("成功2"));
const p3 = new Promise(resolve => resolve("成功3"));
```

以下列举这些方法：

```
Promise.all():全部执行成功才回调
Promise.all([p1,p2,p3])
.then(function (ps) {
  /*
  当 p1,p2,p3 全部为成功(resolved)状态后,会执行这里。
  ps 的值就是三个 Promise 的返回值数组。现在这种情况会返回[ "成功1","成功2","成功3"]
  * /
}).catch(function(resolveObj){
  //只要有一个失败,就会执行这里,resolveObj 是第一个失败的 Promise 返回值。
});
Promise.race():只有一个执行完成就回调
//回调中的 value 是最先执行完成的 Promise 返回值
Promise.race([p1, p2, p3])
.then(function (value) {
  console.log(value);
}).catch(function(value){
  console.log(value);
});
Promise.allSettled():全部执行完成才回调
//allSettled 只会返回成功的 Promise
Promise.allSettled([p1, p2, p3])
.then(function (ps) {
  //ps 是一个数组,对应之前传入的 Promise 数组
  console.log(ps);
});
Promise.any():一个成功了就回调,所有失败才回调
Promise.any([p1, p2, p3])
.then(function (value) {
```

```
    //一个 Promise 成功就会回调,value 是成功的那个 Promise 返回值
    console.log(value);
}).catch(function(value){
    //所有 Promise 失败才回调,value 是一个错误值数组
    console.log(value);
});
```

12.2 异步方法

异步方法主要是两个关键字 async 与 await。async 用以修饰方法，await 可以理解为等待返回结果。

▶▶ 12.2.1 基本用法

异步方法其实就是将异步操作包装成 Promise，每一个异步方法的返回值都是 Promise。

```
//以下两种写法是一样的
async function find(){ return 1; };
function find(){ return Promise.resolve(1); };
使用 await 获取返回结果
const num = await find();
console.log(num);
//输出:1
当然也可以不用 await,直接用 then 也是一样的
find().then(num => {
    console.log(num);
});
异步函数也可写成表达式
//函数表达式
const fun = async () => {};
await 只能写在 async 方法中
const fun = async () => {
    await Promise.resolve(1);//正确
};

const fun = () => {
    await Promise.resolve(1);//语法错误
};
```

▶▶ 12.2.2 异常处理

因为 async 方法返回的是 Promise 类型，所以可借助 Promise 的两种异常处理。

```
//第一种
find().then((value) => {
    console.log(value);
},(value) => {
```

```
    //异常处理
});
//第二种
find().then((value) => {
  console.log(value);
}.catch(() => {
  //异常处理
});
```

如果使用了 await，那么只能用 try 块了。

```
try {
  const num = await find();
  console.log(num);
} catch {//注意:ES6 开始 catch 可以省略后面的括号了
  //异常处理
}
```

▶▶ 12.2.3 异步的应用

使用 Promise 方法封装 jQuery 的 Ajax 请求。

```
jQuery CDN:https://libs.baidu.com/jquery/1.11.1/jquery.min.js
const ajaxRequest = {
  get: (url, data) => {
    return new Promise(function (resolve, reject) {
      $.ajax({
        type: "GET",
        url: url,
        data: data,
        dataType: "json",
        success: function (result) {
          resolve(result);
        },
        error: function (result) {
          reject(result);
        }
      });
    });
  },
  post: (url, data) => {
    return new Promise(function (resolve, reject) {
      $.ajax({
        type: "POST",
        url: url,
        contentType: "application/json",
        data: data,
        dataType: "json",
        success: function (result) {
          resolve(result);
```

```
          },
          error: function (result) {
            reject(result);
          }
        });
      });
    },
  };
```

我们实现一个简单的登录功能。假设后台登录需要调用三个接口：登录、获取用户信息、获取用户的菜单。

获取用户信息和菜单需要用户 id 作为接口参数，用户 id 在登录接口和获取用户信息接口都会返回。

先看一下 Promise 的实现：

```
ajaxRequest.post("https://xxx.com/api/user/login", { acc: "admin", pwd: "123" })//登录会
记录日志,所以用 post
  .then(function (data) {
    //data 是登录接口返回的信息
    return ajaxRequest.get("https://xxx.com/api/user/info", { id: data.id });//获取用户
信息
  })
  .then(function (data) {
    //data 是用户信息接口返回的值
    return ajaxRequest.get("https://xxx.com/api/user/menu", { id: data.id });//获取用户
的菜单
  })
  .then(function (data) {
    //data 是用户的菜单
    console.log(data);
  }).catch(function (data) {
    //data 是其中某个接口失败的错误信息
    console.log(data);
  });
```

其实获取用户信息和获取菜单是可以同时进行的,可以改造成这样:

```
ajaxRequest.post("https://xxx.com/api/user/login", { acc: "admin", pwd: "123" })
  .then(function (data) {
    //data 是登录接口返回的信息
    constreqData = { id: data.id };
    const p1 = ajaxRequest.get("https://xxx.com/api/user/info", reqData);//获取用户信息
    const p2 = ajaxRequest.get("https://xxx.com/api/user/menu", reqData);//获取用户的
菜单
    return Promise.all([p1, p2]);
  })
  .then(function (data) {
    //data[0]是用户信息接口返回的值
    //data[1]是用户的菜单
    console.log(data[0]);
```

```
            console.log(data[1]);
        }).catch(function (data) {
            //data 是其中某个接口失败的错误信息
            console.log(data);
        });
```

如果你喜欢 async/await 写法也可以这样：

```
    try {
        const loginResult = await ajaxRequest.post("https://xxx.com/api/user/login", { acc: "
admin", pwd: "123" });
        const reqData = { id: loginResult.id };
        const p1 =ajaxRequest.get("https://xxx.com/api/user/info", reqData);//获取用户信息
        const p2 =ajaxRequest.get("https://xxx.com/api/user/menu", reqData);//获取用户的菜单
        const data = await Promise.all([p1, p2]);
        //data[0]是用户信息接口返回的值
        //data[1]是用户的菜单
        console.log(data[0]);
        console.log(data[1]);
    } catch (data) {
        //data 是其中某个接口失败的错误信息
        console.log(data);
    }
```

12.3 ES6 模块化编程

在没有 JavaScript 模块化的概念之前，可能所有代码写在一个 js 文件中或者多个 js 文件中。但是用 script 引用互不关联，而且没有 class 进行区分管理，为了解决这种混乱的情况，由此出现了模块化编程的概念。类似于 C#的命名空间和 using 引用等，JavaScript 模块化也用类似的方式实现了模块化的概念。

12.3.1 Class 基本用法

ES6 中的 Class 与后端的写法极其相似，下面看一个例子：

```
    /* *
     * 学生类
     * /
    class Student {
      /* *
       * 姓名
       * /
      name;

      /* *
       * 年龄,默认 0
       * /
      age = 0;
```

```
    constructor() {
      console.log("构造函数,也被称为:构造方法、构造器");
    }
    /* *
     * 年龄的 getter(get 访问器)
     */
    get ageInfo() {
      //小于零则返回零
      return this.age<0 ? 0 : this.age;
    }
    /* *
     * 年龄的 setter(set 访问器)
     */
    set ageInfo(age) {
      this.age = age;
    }

    /* *
     * 打印出学生信息
     */
  print Info() {
      console.log(`姓名:${this.name},年龄:${this.age}`);
    }

  }

const instance = new Student();
instance.print Info();
instance.name = "小马哥";
instance.age = 18;
instance.print Info();
console.log(instance.ageInfo);
instance.ageInfo = -100;
console.log(instance.ageInfo);
instance.print Info();
/*
输出:
构造函数,也被称为:构造方法、构造器
姓名:undefined,年龄:0
姓名:小马哥,年龄:18
18
0
姓名:小马哥,年龄:-100
*/
```

▶▶ 12.3.2 静态方法和静态属性

在属性或方法前面加上 static 关键字，则该属性和方法为静态的。

```
class Studentx {
  static name = "小老弟";
  static print() {
    console.log(Studentx.name);
  }
}
console.log(Studentx.name);
Studentx.name = "大老弟";
Studentx.print();
/*
输出:

小老弟
大老弟
* /
```

。

▶▶ 12. 3. 3 继承

使用 extends 关键字即可继承，以下是例子:

```
class Dog {
  breed;
  constructor(breed) {
    this.breed = breed;
    console.log(`初始化了一只品种为 ${this.breed}的狗`);
  }
}

class PetDog extends Dog {
  name;
  constructor(breed, name) {
    super(breed);
    this.name = name;
    console.log(`这只宠物狗的名字叫 ${this.name}`);
  }

printInfo() {
    console.log(`品种:${this.breed},名字:${this.name}`);
  }
}

const pet = new PetDog("中华田园犬", "大黄");
pet.printInfo();
/*
输出:

初始化了一只品种为中华田园犬的狗
这只宠物狗的名字叫大黄
品种:中华田园犬,名字:大黄
* /
```

▶▶ 12.3.4　根据子类获取父类

Object. getPrototypeOf 方法能直接获取父类，可以借助该方法判断某个子类是否继承自某个父类。

```
console.log(Object.getPrototypeOf(PetDog) === Dog);
/*
输出:true
* /
```

▶▶ 12.3.5　调用父类方法

如果需要在子类中调用父类的方法，一般来说是使用 super 关键字，但是当子类没有与父类同名的方法时，也可用 this 关键字。

```
class Dog {
  toString() {
    console.log("狗");
  }
  eat() {
    console.log("我在吃 X");
  }
}

class PetDog extends Dog {
  toString() {
    console.log("宠物狗");
  }
  print() {
    super.toString();
    this.toString();
    super.eat();
    this.eat();
  }
}
const pet = new PetDog();
pet.print();
/*
输出:

狗
宠物狗
我在吃 X
我在吃 X
* /
```

▶▶ 12.3.6　导出模块

ES6 的模块化体系就是由 export 和 import 完成的。顾名思义 export 就是导出，导出后方便给外部 import 导入使用。

下面来看一个基础例子:

```
// student.js
export const name = "小马哥";
export const age = 18;
export function printInfo() {
  console.log(`姓名:${name},年龄:${age}`);
}
```

前面的例子代表就是导出一个姓名变量、年龄变量、打印信息方法。不过并不推荐这种写法,建议一次性导出来,这样可以一目了然,如下所示(效果与前面的例子一致):

```
// student.js
const name = "小马哥";
const age = 18;
function printInfo() {
  console.log(`姓名:${name},年龄:${age}`);
}

export { name, age,printInfo };
```

▶▶ 12.3.7　导入模块

前面的导出是具名的导出,所以导入时必须保证变量名与导出时一致。如下所示:

```
// index.js
import { name, age,printInfo } from "./student.js";
console.log(name);
console.log(age);
printInfo();
/*
输出:

小马哥
18
姓名:小马哥,年龄:18
* /
```

导出时是可以重命名的,这样导入时用重命名后的名字即可:

```
// student.js
const name = "小马哥";

export { name as nickname };
// index.js
import { nickname, age,printInfo } from "./student.js";
console.log(nickname);
导入时也可以重命名:
// index.js
import { nickname as name, age,printInfo } from "./student.js";
console.log(name);
```

如果只是想执行其中内容而不需要获取其中的导出变量，则这样写：

```
// index.js
import "./student.js";
```

后端的同学可能不适应直接使用变量和方法，当然也是支持导入导出 Class：

```
// student.js
class Student {
  name = "小马哥";
  age = 18;

  print Info() {
    console.log(`姓名：${this.name},年龄：${this.age}`);
  }
}

export { Student };
// index.js
import { Student } from "./student.js";
const student = new Student();
student.printInfo();
```

这样好像有点麻烦，每次使用都要 new（创建实例），那么自然也是支持静态类导入导出的：

```
// student.js
class Student {
  static name = "小马哥";
  static age = 18;

  static printInfo() {
    console.log(`姓名：${Student.name},年龄：${Student.age}`);
  }
}

export { Student };
// index.js
import { Student } from "./student.js";
console.log(Student.name);
console.log(Student.age);
Student.printInfo();
```

除了使用静态类，还有一种方式可以达到这种效果：

```
// student.js
const name = "小马哥";
const age = 18;
function printInfo() {
  console.log(`姓名：${name},年龄：${age}`);
}

export { name, age,printInfo };
// index.js
```

```
import * as student from "./student.js";
console.log(student.name);
console.log(student.age);
student.printInfo();
```

导入时使用 * as 关键字可以将所有导出的变量包裹在一个变量中。

▶▶ 12.3.8 默认导出

前面演示的导入、导出都是以具名的方式，ES6 的模块化有一种匿名的导出，一般被称为默认导出。每个文件就是 ES6 模块化中所谓的模块，而每个模块只能有一个默认输出。

以下是一个例子：

```
// student.js
class Student {
  static name = "小马哥";
  static age = 18;

  staticprint Info() {
    console.log(`姓名：${Student.name},年龄：${Student.age}`);
  }
}

export default Student;
// index.js
import studentInstance from "./student.js";
console.log(studentInstance.name);
console.log(studentInstance.age);
studentInstance.printInfo();
```

如上所示，导出时不必写 {}，导入时也无须变量名和导出时一致，可随意写变量名。

具名和默认导出的混合写法如下：

```
// student.js
class Student {
  static name = "小马哥";
  static age = 18;

  static printInfo() {
    console.log(`姓名：${Student.name},年龄：${Student.age}`);
  }
}

export default Student;
export const remark = "备注";
// index.js
import studentInstance, { remark } from "./student.js";
console.log(studentInstance.name);
console.log(studentInstance.age);
studentInstance.printInfo();
console.log(remark);
```

▶▶ 12.3.9 导入、导出的复合写法

当导入一个模块之后，要立刻导出，可用到 ES6 中的导入、导出的复合写法。这其实是一种简写方式，效果和先导入再导出一致。

先准备一个 stuList.js 文件，用来演示该写法。其中的代码如下：

```
//stuList.js
const name1 = "学生1";
const name2 = "学生2";
const name3 = "学生3";

export { name1, name2, name3 };
```
普通的导入导出的复合写法：
```
// student.js

//直接导入导出
import { name1, name2, name3 } from "./stuList.js";
export { name1, name2, name3 };

//可写成如下方式
export { name1, name2, name3 } from "./stuList.js";
```
前面相当于将 stuList.js 中的变量全部导出了，也可以直接全部导出：
```
// student.js

//全部导出
export * from "./stuList.js";
```
默认导出：
```
//stuList.js
export default "默认学生";
// student.js
//直接导入导出
import _ from "./stuList.js";
export default _;

//可写成如下方式:
export { default } from "./stuList.js";
```
可以重命名：
```
// student.js

//最简单的重命名
export { name1 as nickname, name2, name3 } from "./stuList.js";

//导出全部重命名
export * as names from "./stuList.js";

//默认重命名
export { default as name } from "./stuList.js";

//将具名导出重命名为默认导出
export { name1 as default } from "./stuList.js";
```

▶▶ 12.3.10 导入函数

前面写到的 import 其实是静态的加载文件。如果我们有动态加载或者懒加载（按需加载）的情况，则不适合使用 import。ES6 提供了一个 import( ) 函数，用以动态加载，该函数返回的是一个 Promise 对象。

基本用法：

```
// student.js
export default "学生";
const name = "学生名称";
export { name };
// index.js
import('./student.js').then(p => {
  console.log(p.default);
  console.log(p.name);
});
/*
输出:

学生
学生名称
* /
如果只是想加载,不想获取结果,则写法如下:
// index.js
import('./student.js');
懒加载(按需加载):
//假设 isStudent 是一个计算出来的布尔值,用来判断加载
if(isStudent){
  import('./student.js');
}else{
  import('./teacher.js');
}
动态加载:
//假设 getMenu 是后端从数据库里返回的数据列表
const menus =getMenu();
for (const menu in menus) {
  import(menu.url);
}
```

12.4 JavaScript 超集之 TypeScript

TypeScript 是 JavaScript 的超集，这也意味着它兼容所有 JavaScript 的语法。它拥有类型系统，以及在各个 IDE 中较为完备的智能提示。

▶▶ 12.4.1 基础类型与变量声明

说明一下 ES6 中变量声明的原则：变量（会变的量）用 let，常量（不会变的量）用 const。

var 已经不推荐使用了，在项目中应该禁用 var，本书的前端代码中也不会使用 var 来声明变量。

1. 布尔值

布尔值用来代表真假，即指某个条件是否成立，其值有两个：true/false。

```
letisAdmin: boolean = false;
```

2. 数字

JavaScript 中的数字包含了整数和浮点数。作为完全兼容 JavaScript 的 TypeScript 自然也就把数字定为了一个类型 number。

```
let age: number = 18;
let price: number = 9.9;
```

3. 字符串

与 JavaScript 一致，字符串可以使用单引号'或者双引号" 表示。同时也支持反引号`。

```
let name: string = '旺财';
letpetName: string = "狗娃子";
const msg : string = `我叫${name},小名叫${petName}`;
```

4. 数组

定义数组有两种方式，一种是直接在类型后面写上中括号，还有一种是用泛型的方式。

```
let list: number[] = [1, 2, 3];
let list: Array<number> = [1, 2, 3];
```

5. 枚举

枚举 enum 类型是用来表示一组数据的类型，一般用作类型、状态等情况下，并且支持字符串枚举（字符串枚举在 C#中是不支持的）。

```
/* *
 * 员工类型
 * /
enum EmployeeType{
  /* *
  * 外包
  * /
  outer =1,
  /* *
  * 内部
  * /
  internal =2
}

/* *
 * 员工状态
 * /
enum EmployeeState{
  /* *
  * 在职
  * /
```

```
servingOfficer = 1,
  /* *
   * 离职
   * /
leaveOffice = 2
}

//字符串枚举
enum Sex{
  man = "男",
  girl = "女"
}
```

不推荐使用 TypeScript 中的枚举。因为它不能像 C#一样使用 Enum.GetName( ) 和 Enum.GetValues( )方法获取枚举的键值对。可以使用以下方式替代：

```
const EmployeeTypeEnum = {
  outer:1,
  internal:2
};
console.log(Object.entries(EmployeeTypeEnum));
console.log(Object.keys(EmployeeTypeEnum));
console.log(Object.values(EmployeeTypeEnum));
/* *
 * 输出:
 *
 * [["outer", 1],["internal", 2]]
 * ["outer", "internal"]
 * [1, 2]
 * /
```

还能配合解构使用：

```
const EmployeeTypeEnum = {
  outer:1,
  internal:2
};
for (const [key, value] of Object.entries(EmployeeTypeEnum)) {
  console.log(key);
  console.log(value);
}
/* *
 * 输出:
 *
 * outer
 * 1
 * internal
 * 2
 * /
```

6. 任意类型

JavaScript 中的类型就是没有具体类型可以任意赋值的，那么 TypeScript 中有没有这样的类型呢，自然是有的，可以使用 any 作为类型。any 的场景一般用在没有类型定义或者需要动态类型的时候。可以这样使用：

```
let notSure: any = 4;
notSure = "四";
notSure = false;
```

使用 any 的弊端也很明显，类型比较混乱，不知道这个类型在什么时候是什么类型，而且工具也没有智能提示。目前可以考虑使用 unknown 类型替代 any。项目中尽可能少使用 any。

```
let notSure: unknown = 4;
notSure = "四";
notSure = false;
```

7. 对象类型

对象类型也就是 object，是非原始类型，也称为引用类型。

```
let student: object = { name: "小明", age: 18 };
```

不过现在也不推荐用 object 了，建议使用 Record <string, unknown > 替代 object。

```
let student: Record<string, unknown> = { name: "小明", age: 18 };
```

8. 类型推断

当一个值很明显是具体的一个类型时，编译器会自动推断出来类型。

```
let age: number = 18;
//可以直接写成
let age = 18;
```

9. 类型断言

当需要将 TypeScript 编译器认定的类型换成其他类型时，可以使用 as 关键字强行将某个类型告诉编译器识别为另外的类型。

```
let age: any = 18;
//此处演示将 any 类型转换成 number 类型
let age2 = age as number;
```

▶▶ 12.4.2 函数

先回顾一下 JavaScript 中定义函数的几种语法。

```
//普通的函数定义
function add(num1, num2) {
  return num1 + num2;
}

//函数表达式
const subtract = function (num1, num2) {
  return num1 - num2;
}

//箭头函数(也属于表达式)
const multiply = (num1, num2) => num1 * num2;
```

1. 函数类型

在 TypeScript 中，一般需要指定函数的参数以及返回值的类型，具体如下：

```typescript
function add(num1: number, num2: number): number {
  return num1 + num2;
}

const subtract = function (num1: number, num2: number): number {
  return num1 - num2;
}

const multiply = (num1: number, num2: number): number => num1 * num2;
```

2. 类型推断

TypeScript 编译器能根据上下文推断出类型，上文的代码可省略返回值的类型。

```typescript
function add(num1: number, num2: number) {
  return num1 + num2;
}

const subtract = function (num1: number, num2: number) {
  return num1 - num2;
}

const multiply = (num1: number, num2: number) => num1 * num2;
```

▶▶ 12.4.3　接口与类

下面看一下简单的定义对象变量类型的方式：

```typescript
//{ name: string, age: number }是变量 student 的类型
const student: { name: string, age: number } = { name: "小明", age: 18 };
```

上文的写法并不是很好。可以使用接口达到一样的效果：

```typescript
interface IStudent {
  name: string;
  age: number;
}

const student:IStudent = { name: "小明", age: 18 };
```

1. 可选属性

假如某个字段是可选的，不用必须填写，则可以使用? 标识该字段可选，这样赋值时可以忽略该字段。

```typescript
interface IStudent {
  name: string;
  age?: number;
}

const student:IStudent = { name: "小明" };
```

2. 函数类型

可以在接口中定义函数：

```
interface IStudent {
  name: string;

  selfIntroduction(content: string): void;

}
const student:IStudent = {
  name: "小明",
  selfIntroduction(content: string) {
    console.log(`我叫${this.name},${content}`);
  }
};
```

3. 继承

TypeScript 中的继承很灵活。接口可以继承接口；类可以继承类；接口可以继承类；类也可以继承接口；一个接口可以继承多个接口；一个类可以实现多个接口。注意当接口继承类的时候，只会继承定义的字段和方法，不会继承其中的具体实现。继承使用 ES6 中的继承关键字 extends，实现接口则使用关键字 implements。

```
interfaceIDog {
  name: string;
}

//接口继承接口
interface IPetDog extends IDog {

}

//一个类可以实现多个接口
class Husky implementsIDog,IPetDog{
  name: string;//必须实现 IDog 中的 name
}
```

4. 初步使用类

如果只是为了定义变量类型，类与接口的效果是一样的。

```
interface IStudent {
  name: string;
  age: number;
}


class Student {
  name: string;
  age: number;
}
```

```
const student1:IStudent = { name: "小明", age: 18 };
const student2: Student = { name: "小明", age: 18 };
```

5. 访问修饰符

三种常见的访问修饰符如表 12-1 所示。

表 12-1　三种常见的访问修饰符

关　键　字	访 问 范 围	说　　明
public	所有地方都可访问	公共的，不写则默认为 public
private	只可在当前类内部访问	私有的
protected	在当前类和派生类中访问	受保护的

public 就不用解释了，因为 JavaScript 的属性和方法默认行为都是 public。private 和 protected 可通过下面的代码理解：

```
class Dog {
  private name: string;
  protected age: number;
  introduce() {
    console.log(`汪汪,我叫 ${this.name}。`);//这里在 name 的内部,所以可以访问
    console.log(`我今年 ${this.age}岁了。`);//protected 修饰的字段也是可以访问的
  }
}

class PetDog extends Dog {
PetDogIntroduce() {
    super.name;//无法访问,当前子类不是 name 所在类,所以不能访问
    super.age;//可以访问,继承的类也就是派生类,可以访问
  }
}

const dog = new Dog();
dog.name;//无法访问,私有变量外部不能访问
dog.age;//无法访问,受保护的变量外部也不可访问
```

6. 只读修饰符

在字段前面加上 readonly 即可设置字段为只读。设置为只读后，只能在构造函数或者声明时赋值。代码如下：

```
class Dog {
  readonly name: string;
  readonly age: number = 18;
  constructor(name: string) {
    this.name = name;
  }

  birth() {
    this.name = "旺财";//编译报错
```

```
        this.age = 0;//编译报错
    }
}

dog.age = 1;//编译报错
dog.name = 1;//编译报错
```

▶▶ 12.4.4　泛型

泛型本身其实就是把类型作为参数一样传递，这样方法内部能够根据当前类型做处理。泛型使用<>定义，<>中填写类型的变量名。一般我们习惯使用 T 作为类型的变量名。

1. 泛型函数

```
function GetValue<T>(value: T): T {
    return value;
}
```

在函数名称后面带上<>则表示这是一个泛型函数。<T>代表声明泛型变量，类型变量名称为 T；（value：T）则表示 value 必须为 T 类型；最后的：T 自然就是函数返回值必须是 T 类型。下面使用这个函数：

```
GetValue<string>("你好");
```

此时传递了 string 进去，则方法内部 T 就是 string 类型，这个时候可以直接理解 T 就是 string 的别名。

2. 泛型类与接口

可以在类或者接口的名称后面写上<>来定义泛型。

```
interface IDog<T> {
    //使用传递进来的类型作为 name 的类型
    name: T;
    age: number;
}

class PetDog<T> {
PetDogIntroduce() {
    //使用传递进来的类型返回
    return {} as T;//直接用 as 可能会出现运行时错误的风险
    }
}
//这样写 name 可以传递 number 值了
constidog: IDog<number> = { name: 1, age: 18 };

constpetDog = new PetDog<string>();
//这样写方法会返回期望的 string 类型
petDog.PetDogIntroduce();
```

3. 泛型约束

上文中泛型的类型是可以任意传递的，但是大部分时候得限定类型，不能传递任意类型。可

以使用泛型约束:

```
interface HaveLength {
  length: number;
}

function print Length<T extends HaveLength> (value: T) {
  console.log(value.length);
}

print Length<string> ("哇");
// 输出:2
print Length<Array<number>> ([1, 2, 3, 4]);
// 输出:4
```

上文使用了 HaveLength 自定义类型来进行约束, 因为 string 和 Array 是有 length 属性的, 所以可以传递进去。

12.5 CSS 扩展语言之 Sass

Sass 是 CSS 的扩展语言, 这也意味着它兼容所有 CSS 的语法。Sass 是扩展语言, 但是它有两种语法: Sass 和 SCSS。它们的主要区别是: Sass 是用空格和换行来区分层级的, 而 SCSS 是用大括号和分号来区分层级与原生的 CSS, 所以现在基本都是流行 SCSS 语法, 本书的 Sass 皆会使用 SCSS 语法进行书写。浏览器本身是不支持 Sass 的, 所以要使用工具编译成 CSS 在页面中达到的样式效果。此小节会写一些常用的 SCSS 语法。

▶▶ 12.5.1 嵌套规则

嵌套写法, 可以不必像原先一样重复书写父类选择器, 只要在外层写一次即可。

```
#main p {
  color: #00ff00;
  width: 97% ;

  .panel {
    background-color: #ff0000;
    color: #000000;

      .content{
        background-color: #eee;
      }

  }
}
转换为 css
#main p{
```

```
    color: #00ff00;
    width: 97%;
}

#main p .panel {
    background-color: #ff0000;
    color: #000000;
}

#main p .panel .content{
    background-color: #eee;
}
```

▶▶ 12.5.2　父选择器

当嵌套的子集想要直接使用父类元素时，可以使用 & 字符代替父类的书写。一般：使用
hover 的情况多一点。

```
a {
    font-weight: bold;
    text-decoration: none;
    &:hover {
        text-decoration: underline;
    }
}
转换为 CSS
a {
    font-weight: bold;
    text-decoration: none;
}
a:hover {
    text-decoration: underline;
}
```

▶▶ 12.5.3　属性嵌套

属性也是可以嵌套的，前缀一样的属性可以使用属性嵌套。

```
.funky {
    font: {
        family: fantasy;
        size: 30em;
        weight: bold;
    }
}
转换为 CSS
.funky {
    font-family: fantasy;
    font-size: 30em;
```

```scss
        font-weight: bold;
    }
```

有时简写属性也会直接写值的，这种情况下使用嵌套语法也是可行的。

```scss
    .funky {
      font: 12px/1.5 {
        family: fantasy;
        weight: bold;
      }
    }
```
转换为 CSS
```css
    .funky {
      font: 12px/1.5;
      font-family: fantasy;
      font-weight: bold;
    }
```

▶▶ 12.5.4 注释

SCSS 支持多行注释/* */与单行注释//。CSS 原生只支持多行注释/* */，所以 SCSS 的输出注释也只会输出多行注释，不会输出单行注释。构建工具的压缩模式除外，压缩模式会把所有注释去除。

```scss
    /*
     * 多行
     * 注释
     */
    body {
      color: black;
    }
    //单行注释
    a {
      color: green;
    }
```
转换为 CSS
```css
    /*
     * 多行
     * 注释
     */
    body {
      color: black;
    }
    a {
      color: green;
    }
```

如果是压缩模式，可以在多行注释的第一行加上一个！并可以完整输出，一般是用以输出版权信息。如 Bootstrap 当前最新版的注释：

```
/* !
 * Bootstrap Grid v5.0.0-beta2 (https://getbootstrap.com/)
 * Copyright 2011-2021 The Bootstrap Authors
 * Copyright 2011-2021 Twitter, Inc.
 * Licensed under MIT (https://github.com/twbs/bootstrap/blob/main/LICENSE)
 * /
```

▶▶ 12.5.5　变量

可以使用 $ 定义变量

```
$width: 5em;
#main {
  width: $width;
}
```

转换为 CSS

```
#main {
  width: 5em;
}
```

▶▶ 12.5.6　运算

下面先看看 Sass 的数据类型（见表 12-2）。

表 12-2　Sass 常见数据类型

类　　型	示　　例	说　　明
数值	1，2，13，10px	
字符串	"foo"，'bar'，baz	有引号字符串与无引号字符串
布尔型	truc，false	
颜色	rgba（255，0，0，0.6），red，#9ACD32	
数组（list）	1.5em 1em 0em 2em，Arial，sans-serif	用空格或逗号作为分隔符
maps	（key1：value1，key2：value2）	相当于 JavaScript 的 object

这里只介绍数值和字符串的运算（因为其他的不常用）。

1. 数值运算

```
$width: 100px;
p {
  width: 1cm + 8mm;//加法
  min-width: $width/2;//除法
}
```

转换为 CSS

```
p {
  width: 1.8cm;
  min-width: 50px;
}
```

2. 字符串运算

字符串主要有两种：无引号字符串和有引号字符串。字符串用加号连接，加号左边有引号，那么结果则有引号，加号左边没引号，则结果没引号。

```
p:before {
  cursor: e + -resize;
  content: "Foo " + Bar;
  font-family: sans- + "serif";
}
```

转换为 CSS

```
p:before {
  cursor: e-resize;
  content: "Foo Bar";
  font-family: sans-serif;
}
```

▶▶ 12.5.7 插值语句

插值的效果和变量基本一样。但是插值比变量编译速度快，变量编译时，可能会有运算的检测，插值则直接将值插入到代码中。

```
$name:foo;
$attr: border;
p.#{ $name} {
  #{ $attr}-color: blue;
}
```

转换为 CSS

```
p.foo {
  border-color: blue;
}
```

有一个插值和变量区别的经典场景，使用 CSS 3 的 calc( ) 函数如下：

```
$width: 100%;
p {
  width: calc($width);
  width: calc(#{ $width});
}
```

转换为 CSS

```
p {
  width: calc($width);
  width: calc(100% );
}
```

▶▶ 12.5.8 引入样式

引入样式可使用@ import。与原生的@ import 区别在于，Sass 的@ import 还能引入 .scss 或 .sass 文件，并且被导入的文件将合并编译到同一个 CSS 文件中，这样能减少客户端 HTTP 请求增加访问速度。以下情况不会被编译合并：

- 文件拓展名是 .css；
- 文件名以 http：// 或 https：// 开头；
- 文件名是 url( )；
- @ import 包含 media queries。

下面是例子：

```
@import "foo.css";
@import "foo" screen;
@import "http://foo.com/bar1";
@import "http2://foo.com/bar2";
@import url(foo);
转换为 CSS
@import "foo.css";
@import "foo" screen;
@import "http://foo.com/bar1";
@import "https://foo.com/bar2";
@import url(foo);
```

这种情况下会合并编译：

```
@import "foo.scss";
//不写后缀名也可以，编译器会自己寻找
@import "foo";
```

▶▶ 12.5.9 使用混合器复用代码

定义混合的指令@ mixin，引用混合的指令@ include。我们先定义一组混合样式。

```
// public_mixin.scss
@mixin widthFill {
  width: 100%;
}

@mixin heightFill {
  height: 100%;
}

@mixin fill {
  @includewidthFill;
  @includeheightFill;
}
```

定义一个高度 100% 和宽度 100% 的混合，然后定义一个大的混合，引用另外两个小的混合。
使用混合器：

```
// index.scss
@import "./public_mixin.scss";
.fill {
    @include fill;
```

```
    }
    .width-fill {
        @includewidthFill;
    }
    .height-fill {
        @includeheightFill;
    }
    html,
    body {
        margin: 0;
        padding: 0;
        @include fill;
    }
    转换为 CSS
    .fill {
      width: 100%;
      height: 100%;
    }

    .width-fill {
      width: 100%;
    }

    .height-fill {
      height: 100%;
    }

    html,
    body {
      margin: 0;
      padding: 0;
      width: 100%;
      height: 100%;
    }
```

　　只要把公共的混合器定义在 public_mixin. scss 文件中，其他地方只需要引用即可，达到了复用代码的效果。

12.6　小结

　　本章将所有前端使用到的基础知识进行了讲解，学完本章，会了解到以下知识点：

（1）常用的 ES6 语法；

（2）TypeScript 的使用；

（3）Sass 的使用。

Vue 入门

在之前的章节中，我们已经搭建好了前端的开发环境。从本章开始，就正式进入 Vue 学习的环节了，只要跟着章节进行学习并且自己多练习代码，相信学会 Vue 很简单。

▶▶ 13. 1. 1　引入 Vue. js

下面开始学习一个 Hello World 例子。先新建一个 index. html 文件，单击鼠标右键，使用 VS Code 打开，输入一个感叹号（!），出现提示后按 Enter 键，其内容如下：

```
<! DOCTYPE html>
<html lang = "en">
<head>
  <meta charset = "UTF-8">
  <meta http-equiv = "X-UA-Compatible" content = "IE = edge">
  <meta name = "viewport" content = "width = device-width, initial-scale = 1.0">
  <title>Document</title>
</head>
<body>

</body>
</html>
```

接下来在<head>中引入 Vue. js。

```
<script src = "https://unpkg.com/vue@next"></script>
```

注意：截至目前写书时，Vue 3 被挂在 next 标签下，所以需要这样引入。

▶▶ 13. 1. 2　显示 Hello World

准备一个显示 Hello World 的标签：

```
<div id="app">
  {{ message }}
</div>
```

然后创建 Vue 对象并挂载到 DOM 上：

```
<script>
   const { createApp, ref } = Vue;
   createApp({
       setup() {
           const message = ref("Hello World!");

           return { message };
       }
   }).mount('#app');
</script>
```

最终代码如下：

```
<!DOCTYPE html>
<html lang="en">

<head>
    <meta charset="UTF-8">
    <meta http-equiv="X-UA-Compatible" content="IE=edge">
    <meta name="viewport" content="width=device-width, initial-scale=1.0">
    <title>Document</title>
    <script src="https://unpkg.com/vue@next"></script>
</head>

<body>
    <div id="app">
        {{ message }}
    </div>
    <script>
        const { createApp, ref } = Vue;
        createApp({
            setup() {
                const message = ref("Hello World!");

                return { message };
            }
        }).mount('#app');
    </script>
</body>

</html>
```

在浏览器中打开 index.html 文件，将会显示 "Hello World!"。

本小节演示了如何使用 Vue 进行数据绑定。学习 Vue 需要理解好数据驱动的概念，此例子演示了将数据显示在 DOM 上。大家可能对有些语法不理解，不过大致意思应该都懂，我们继续往下学习。

13.2 生命周期

Vue 的每个组件都是独立的，每个组件都有一个属于它的生命周期，从创建一个组件、数据初始化、挂载、更新，到销毁，这就是一个组件所谓的生命周期。

▶▶ 13.2.1 生命周期钩子

Vue 实例在创建时需要经过一系列初始化过程，如数据监听、编译模板、将数据挂在 DOM 上、数据变化更新 DOM 上的值等。所以在这些过程中会有对应的函数，函数如同钩子一般挂在生命周期的过程中，被称为生命周期钩子函数。钩子函数提供了在每个过程中执行自己代码的能力。

以下是所有的生命周期钩子，如表 13-1 所示。

表 13-1　Vue 生命周期钩子函数

钩子函数	说明
beforeCreate	在实例初始化之后，数据观测（data observer）和 event/watcher 事件配置之前被调用
created	在实例创建完成后被立即调用。在这一步，实例已完成以下的配置：数据观测（data observer），property 和方法的运算，watch/event 事件回调。然而，挂载阶段还没开始，$el property 目前尚不可用
beforeMount	在挂载开始之前被调用：相关的 render 函数首次被调用
mounted	实例被挂载后调用，这时 app. mount 被新创建的 vm. $el 替换了。根实例挂载到了一个文档内的元素上，当 mounted 被调用时，vm. $el 也在文档内
beforeUpdate	数据更新时调用，发生在虚拟 DOM 打补丁之前。这里适合在更新之前访问现有的 DOM，比如手动移除已添加的事件监听器
updated	由于数据更改导致的虚拟 DOM 重新渲染和打补丁，在这之后会调用该钩子
activated	被 keep-alive 缓存的组件激活时调用
deactivated	被 keep-alive 缓存的组件停用时调用
beforeUnmount	在卸载组件实例之前调用。在这个阶段，实例仍然是完全正常的
unmounted	卸载组件实例后调用。调用此钩子时，组件实例的所有指令都被解除绑定，所有事件侦听器都被移除，则所有组件实例被卸载
errorCaptured	当捕获一个来自子孙组件的错误时被调用。此钩子会收到三个参数：错误对象、发生错误的组件实例以及一个包含错误来源信息的字符串。此钩子可以返回 false 以阻止该错误继续向上传播

（续）

钩 子 函 数	说　　明
renderTracked	跟踪虚拟 DOM 重新渲染时调用。钩子接收 debugger event 作为参数。此事件告诉你哪个操作跟踪了组件以及该操作的目标对象和键
renderTriggered	当虚拟 DOM 重新渲染被触发时调用。和 renderTracked 类似，接收 debuggerevent 作为参数。此事件告诉你是什么操作触发了重新渲染，以及该操作的目标对象和键

最常用的是 created、mounted、beforeUnmount。其他的大部分情况下是用不到的，只需要做到了解即可。

▶▶ 13.2.2　应用实例

下面是一个基本的生命周期钩子函数示例：

```
<div id = "app">
    {{ message }}
</div>
<script>
    const { createApp, ref, onMounted } = Vue;
    createApp({
        setup() {
            onMounted(() => {
                console.log('mounted');
            });

            console.log(' created and beforeCreate');

            const message = ref("Hello World!");

            return { message };
        }
    }).mount('#app');
</script>
/*
```

输出：

```
created and beforeCreate
mounted
* /
```

从该示例中已经能看出输出的顺序了。这是使用组合式 API（composition api）的例子，在组合 api 中 created 和 beforeCreate 生命周期函数的代码可以直接写在 setup 函数中。其他生命周期函数也和此例子中的 mounted 是一样的写法，只需要将首字母大写，并在前面加个 on 即可。

▶▶ 13.2.3　生命周期图示

Vue 官方提供的生命周期图例（如图 13-1 所示）。我们不需要立刻弄明白所有的内容，不过随着不断学习和使用，它的参考价值会越来越高。

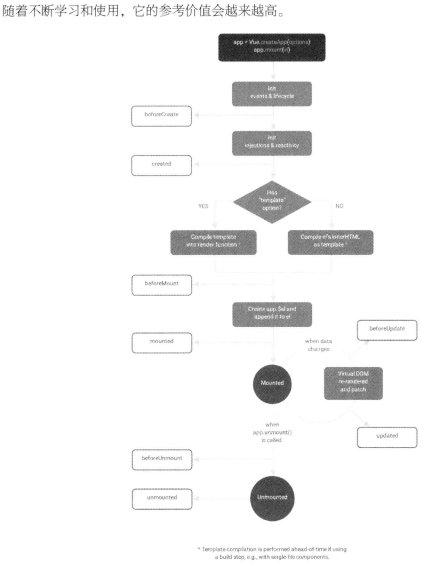

● 图 13-1　生命周期图例

13.3　计算属性和侦听器

在开发的时候，经常需要对一些数据做实时处理，除了之前用到的 function 通过人为来控制外，我们也可以使用官方提供的方法，那就是计算属性或者监听器，可以理解为能够在里面写一些计算逻辑的属性。

▶▶ 13.3.1　计算属性

计算属性是能对初始数据进行响应式的计算，计算后的结果可用于渲染，也可进一步计算。

下面是一个简单的例子：

```
<div id="app">
    <p>{{isExist}}</p>
</div>
<script>
    const { createApp, computed, reactive } = Vue;
    createApp({
        setup() {
            const employees = reactive(["张三", "李四", "王五"]);

            const isExist = computed(() => {
                return employees.length > 0 ? "存在数据" : "暂无数据";
            });

            return { isExist };
        }
    }).mount('#app');
</script>
```

代码的逻辑就是有数据则显示"存在数据"，没数据则显示"暂无数据"。isExist 就是计算属性，它是根据原始数据 employees 进行响应式的计算得出的。这意味着如果数据变了，计算属性则会进行重新计算。

这里出现了 reactive，它和上文的 ref 一样，都是用于定义响应式数据的。它们的区别在于 ref 只能监测到数据赋值变化，而 reactive 是监测数据内部值变化。所以一般 ref 用于值类型（Number、String、Boolean 等），reactive 则是用于引用类型的（Array/Object）。在后面的实战章节将会大量使用，到时可以清楚地知道对 reactive 和 ref 的应用。

对于计算属性，再举一个简单的例子：

```
const product = reactive({
    price: 9.9,
    quantity: 10
});

const amount = computed(() => {
    return product.price * product.quantity;
});

return { amount };
```

在示例中，只有价格和数量，然后我们的金额就可以定义为计算属性，它可以根据价格或者数量的变化自动算出金额，是不是感觉很奇妙。

计算属性默认只有 get 访问器，但是特殊情况下还能使用 set 访问器。我们以上一个例子为例：

```
const product = reactive({
    price: 9.9,
    quantity: 10
```

```
});

const amount = computed({
    // getter
    get: () => product.price * product.quantity,
    // setter
    set: newVal => {
      product.price = newVal;
      product.quantity = 1;//数量始终默认为1
    }
});

amount.value = 101;

return { amount };
```

运行后 amount 的 set 访问器将被调用，单价和数量会进行相应的更新。

▶▶ 13.3.2 侦听器

侦听器可以当响应式数据发送改变时，执行一些自定义的操作，下面举一个例子：

```
<div id = "app">
  <p> {{message}}</p>
  <input type = "button" value = "变更文本" @click = "changeMessage">
</div>
<script>
  const { createApp, watch, ref } = Vue;
  createApp({
    setup() {
      let message = ref("Hello World!");

      function changeMessage() {
        message.value = "已改变";
      }

      watch(message, function (newVal, oldVal) {
        console.log(`值发生变化,变化前:${oldVal},变化后:${newVal}`);
        //输出:值发生变化,变化前:Hello World!,变化后:已改变
      });

      return { message, changeMessage };
    }
  }).mount('#app');
</script>
```

上面的示例演示了 ref 响应式数据的侦听器。这里出现了@ click，这是侦听按钮的点击事件，后面会说到，目前只需要理解这个是代表绑定点击事件即可。当点击按钮时，值就会发生改变，这个时候就会在控制台打印对应的信息。

以下示例演示 reactive 的响应式数据侦听：

```
<div id="app">
  <p>{{obj.message}}</p>
  <input type="button" value="变更文本" @click="changeMessage">
</div>
<script>
  const { createApp, watch, reactive } = Vue;
  createApp({
    setup() {
      const obj = reactive({ message: "Hello World!" });

      function changeMessage() {
        obj.message = "已改变";
      }

      watch(() => obj.message, function (newVal, oldVal) {
        console.log(`值发生变化,变化前:${oldVal},变化后:${newVal}`);
      });
      return { obj, changeMessage };
    }
  }).mount('#app');
</script>
```

以上代码和上个例子输出一致。

上文两个例子演示了单一数据源的侦听，当然也可以进行多个数据源的侦听，语法如下：

```
watch([fooRef, barRef], ([foo, bar], [prevFoo, prevBar]) => {
  /* ... */
})
```

不用疑惑为什么有这么多中括号，其实是利用了 ES6 的数组解构。

上文演示的侦听器都是在数据发生改变的时候触发，但是有时需要定义后立即触发。watch 中有一个参数可以设置立即触发，比如：

```
watch((message), function (newVal, oldVal) {
  console.log(`值发生变化,变化前:${oldVal},变化后:${newVal}`);
}, { immediate: true });
```

只需要将 immediate 设置为 true 即可。更多参数可查阅 Vue 官方的文档。

13.4 指令

Vue 页面需要数据驱动自然免不了在页面元素中将数据进行绑定或者操作等，而 Vue 提供了很多指令来进行这些操作。

▶▶ 13.4.1 控制元素隐藏显示

v-show 指令可以根据表达式的真假值，切换元素的 CSS 属性 display：none。也就是控制元素隐藏显示。如下：

```
<h1 v-show = "false"> Hello！</h1 >
```

此例的元素将不会显示，它将会被追加上 display：none 的 CSS 属性。

注意 v-show 中的表达式不一定只能写 true 和 false，还可以是任何值，类似于 JavaScript 中的 if 语句，是一种弱类型的真假值，被称为 Truthy。这点和 C#不一样，C#一定是 true 和 false。下文如果遇到真假值，也是代表这种 Truthy。

▶▶ 13.4.2　控制元素是否存在

v-if 指令可以根据表达式的真假值确定是否渲染元素，也就是控制元素是否存在。它的表现形势与 v-show 指令一致，二者的区别是：如果用 v-if 指令来切换元素的显隐，因为是直接操作页面内的 DOM 元素，所以会造成性能的损耗。如果是有切换的功能，应该优先使用 v-show 指令。v-if 指令使用方式如下：

```
<h1 v-if = "false"> Hello！</h1>
```

当然除了 v-if，自然也有 v-else、v-else-if。使用方式大体一致：

```
<div v-if = "type = = = 'A'">
  A
</div>
<div v-else-if = "type = = = 'B'">
  B
</div>
<div v-else-if = "type = = = 'C'">
  C
</div>
<div v-else >
  Not A/B/C
</div>
```

▶▶ 13.4.3　循环元素

v-for 指令可根据提供的数据循环元素，语法为 alias in expression。in 的右侧是需要遍历的数据，左侧则是每次遍历当前元素的别名。v-for 可遍历的数据类型有 Array｜Object｜number｜string｜Iterable。如下：

```
<div id = "app">
  <div v-for = "(value,name,index) in obj" :key = "index">
    {{value}} {{name}} {{index}}
  </div>
</div>
<script >
  const { createApp, ref } = Vue;
  createApp({
    setup() {
      const obj = ref({
```

```
            name: "张三",
            age: 18,
            sex: "男"
          });

          return { obj };
        }
      }).mount('#app');
  /*
  页面显示:
  张三 name 0
  18 age 1
  男 sex 2
  */
  </script>
```

key 用于指定元素的唯一值,然后将循环体(例如 item)内可以访问的属性值输出到页面即可。

这里列出 v-for 的所有写法:

```
<div v-for = "item in items"></div>
<div v-for = "(item, index) in items"></div>
<div v-for = "(value, key) in object"></div>
<div v-for = "(value, name, index) in object"></div>
```

使用数据项中的 id 作为 key 的例子:

```
<div v-for = "item in items" :key = "item.id">
  {{ item.text }}
</div>
```

▶▶ 13.4.4 监听事件

v-on 指令(v-on 也可缩写为@)用以监听 DOM 事件,如绑定 click 事件可写作 v-on:click 或者@ click,如下:

```
<div id = "app">
  <button @click = "counter + =1">点击加一</button>
  <button @click = "show">弹出当前值</button>
</div>
<script>
  const { createApp, ref } = Vue;
  createApp({
    setup() {
      const counter = ref(0);

      function show() {
        alert(counter.value);
      }

      return { counter, show };
```

```
    }
  })).mount('#app');
</script>
```

上述例子很好地说明了事件绑定中既可以写简单的代码，也可以直接绑定函数处理。

▶▶ 13.4.5 数据单向绑定

v-text、v-html 与 v-bind 指令可以理解为是数据的单向绑定。我们来看一下它们的使用：

```
v-text 示例
<span v-text = "msg"></span>
<! -- 等价于 -->
<span>{{msg}}</span>
```

v-text 指令如果是整个标签内部的内容绑定，则和插值表达式（Mustache）的效果是一样的，如果是标签内部的部分值绑定，则只能用插值表达式（Mustache）了。

v-html 示例：

```
<div id = "app">
  <p v-html = "html"></p>
</div>
<script>
  const { createApp, ref } = Vue;
  createApp({
    setup() {
      const html = ref("<b><i>文字加粗和倾斜</i></b>");

      return { html };
    }
  })).mount('#app');
</script>
```

v-html 指令可显示 html 内容，如例子中的文本则是直接显示一段加粗和倾斜的文字。

v-bind 指令，与上文两个指令不同，它主要用于属性（attribute）值或者属性名的单向数据绑定，例子如下：

```
<! -- 绑定 attribute -->
<img v-bind:src = "imageSrc" />

<! -- 动态 attribute 名 -->
<button v-bind:[ key] = "value"></button>

<! -- 缩写 -->
<img :src = "imageSrc" />
<! -- 动态 attribute 名缩写 -->
<button :[ key] = "value"></button>

<! -- 内联字符串拼接 -->
<img :src = "'/path/to/images/' + fileName" />
```

```
<! -- class 绑定 -->
<div :class = "{ red: isRed }"></div>
<div :class = "[classA, classB]"></div>

<! -- style 绑定 -->
<div :style = "{ fontSize: size + 'px' }"></div>
<div :style = "[styleObjectA, styleObjectB]"></div>
```

▶▶ 13.4.6　数据双向绑定

v-model 指令用于元素上的数据双向绑定，目前只能用于<input>、<select>、<textarea>和 components（组件）。此处暂不讲解组件。

基础示例如下（文本框）：

```
<div id = "app">
  <input v-model = "message" /> <button @click = "change">改变</button>
  <p>值: {{ message }}</p>
</div>
<script>
  const { createApp, ref } = Vue;
  createApp({
    setup() {
      const message = ref("");

      function change() {
        message.value = "改变了";
      }

      return { message, change };
    }
  }).mount('#app');
</script>
```

该示例演示了 v-model 指令的基本使用，当在文本框中输入值的时候，message 变量中的值也会跟着文本框中的值变。当单击"改变"按钮时，文本框中的值也会相应地变成改变值。这就是双向绑定数据了，无论是在页面中，还是直接改变变量的值，它们的数据都会保持一致。

以下是其他示例：

```
<div id = "app">
  <textarea v-model = "message"></textarea>
  <p>{{ message }}</p>
</div>
<script>
  const { createApp, ref } = Vue;
  createApp({
    setup() {
      const message = ref("");
```

```
        return { message };
      }
    }).mount('#app');
  </script>
```

多选复选框：

```
  <div id="app">
    <input type="checkbox" value="红" v-model="color" id="red" /><label for="red">红</label>
    <input type="checkbox" value="蓝" v-model="color" id="blue" /><label for="blue">蓝</label>
    <input type="checkbox" value="黄" v-model="color" id="yellow" /><label for="yellow">黄</label>
    <p>{{ color }}</p>
  </div>
  <script>
    const { createApp, ref } = Vue;
    createApp({
      setup() {
        const color = ref([]);

        return { color };
      }
    }).mount('#app');
  </script>
```

双向绑定基本上都大同小异，就不逐一演示了。

v-model 指令除了基本的双向绑定外，还有两个常用的修饰符：.number 和 .trim，修饰符可以在表单输入的时候进行过滤。

.number：自动将输入的值转为数值类型。

```
  <input v-model.number="age" type="number" />
```

.trim：自动过滤输入值的首尾空白字符。

```
  <input v-model.trim="msg" />
```

▶▶ 13.4.7 忽略渲染

v-pre 指令用于忽略渲染，可以显示原生的标签或文本，如插值表达式（Mustache）。

```
  <div id="app">
    <span v-pre>{{ message }}</span>
  </div>
  <script>
    const { createApp, ref } = Vue;
    createApp({}).mount('#app');
  </script>
```

上述代码运行后，界面中会直接显示{{ message }}。此指令可用于性能优化。

▶▶ 13.4.8　隐藏还未渲染的元素

v-cloak 指令在元素渲染之前，会作为属性。当渲染完成后，Vue 将会自动移除 v-cloak 属性。内容如下：

```html
<! DOCTYPE html>
<html lang = "zh-cn">

<head>
  <meta charset = "UTF-8">
  <meta http-equiv = "X-UA-Compatible" content = "IE = edge">
  <meta name = "viewport" content = "width = device-width, initial-scale =1.0">
  <title></title>
  <style>
    [v-cloak] {
      display: none;
    }
  </style>
  <script src = "https://unpkg.com/vue@next"></script>
</head>

<body>
  <div id = "app">
    <div v-cloak>
      {{ message }}
    </div>
  </div>
  <script>
    const { createApp, ref } = Vue;
    createApp({
      setup() {
        const message = ref("Hello world");

        return { message };
      }
    }).mount('#app');
  </script>
</body>

</html>
```

该示例演示了在渲染之前将元素隐藏，渲染完成之后再显示。因为渲染之前 v-cloak 会作为一个属性存在于元素上，渲染之后 Vue 会自动移除，v-cloak 属性就自然显示出来了。一般用于Vue. js 加载慢的情况，页面上会直接显示{{ message }}，然后闪动一下，又显示出正常的文本，此时可以用此种方法在渲染之前隐藏起来，就不会出现{{ message }}的问题了。

▶▶ 13.4.9　控制元素只渲染一次

v-once 指令将会让元素只渲染一次，以后无论数据如何发生变化，会直接跳过不进行渲染。例如：

```html
<div id = "app">
  <span v-once>这个将不会改变: {{ message }}</span>
```

```
    <button @click = "change">改变</button>
  </div>
  <script>
    const { createApp, ref } = Vue;
    createApp({
      setup() {
        const message = ref("Hello world");

        function change() {
          message.value = "change";
        }

        return { message, change };
      }
    }).mount('#app');
  </script>
```

在此例中，加了一个"改变"按钮，但是即便单击该按钮，数据虽然被改变，但是界面上的文字不会改变。此指令可用于性能优化。

▶▶ 13.4.10　渲染指定组件

v-is 指令用于渲染指定的组件或者普通 HTML 元素，组件不在本章范围内，不过可理解为一种 HTML 元素，如下面的例子：

```
  <div id = "app">
    <div v-is = "'p'"></div>
  </div>
  <script>
    const { createApp } = Vue;
    createApp({}).mount('#app');
  </script>
```

此示例中，原本是 div 标签的元素运行后会变成 p 标签。v-is 指令的值必须是字符串类型，所以加了单引号表示为字符串类型。

v-is 指令还可以动态渲染元素，如下：

```
  <div id = "app">
    <div v-is = "elementName">当前标签:{{elementName}}</div>
    <button @click = "changeElement">点击更换标签</button>
  </div>
  <script>
    const { createApp, ref } = Vue;
    createApp({
      setup() {
        const elementName = ref("p");
        function changeElement() {
          elementName.value = elementName.value === "p" ? "div" : "p";
        }

        return { changeElement, elementName };
```

```
    }
  }) .mount ('#app');
</script>
```

v-is 指令动态渲染组件，来自 Vue 官方文档的代码如下：

```html
<! DOCTYPE html>
<html lang = "zh-cn">

<head>
  <meta charset = "UTF-8">
  <meta http-equiv = "X-UA-Compatible" content = "IE = edge">
  <meta name = "viewport" content = "width = device-width, initial-scale = 1.0">
  <title></title>
  <style>
    .demo {
      font-family: sans-serif;
      border: 1px solid #eee;
      border-radius: 2px;
      padding: 20px 30px;
      margin-top: 1em;
      margin-bottom: 40px;
      user-select: none;
      overflow-x: auto;
    }

    .tab-button {
      padding: 6px 10px;
      border-top-left-radius: 3px;
      border-top-right-radius: 3px;
      border: 1px solid #ccc;
      cursor: pointer;
      background: #f0f0f0;
      margin-bottom: -1px;
      margin-right: -1px;
    }

    .tab-button:hover {
      background: #e0e0e0;
    }

    .tab-button.active {
      background: #e0e0e0;
    }

    .demo-tab {
      border: 1px solid #ccc;
      padding: 10px;
    }
  </style>
  <script src = "https://unpkg.com/vue@next"></script>
</head>

<body>
  <div id = "dynamic-component-demo" class = "demo">
    <button v-for = "tab in tabs" v-bind:key = "tab" v-bind:class = "['tab-button', { active:
currentTab = = = tab }]"
```

```
              v-on:click = "currentTab = tab">
          {{ tab }}
        </button>

        <div v-is = "currentTabComponent" class = "tab"></div>
      </div>
      <script>
        const app = Vue.createApp({
          data() {
            return {
              currentTab: 'Home',
              tabs: ['Home', 'Posts', 'Archive']
            }
          },
          computed: {
            currentTabComponent() {
              let name = 'tab-' + this.currentTab.toLowerCase();
              return name;
            }
          }
        })

        app.component('tab-home', {
          template: `<div class = "demo-tab">Home component</div>`
        })
        app.component('tab-posts', {
          template: `<div class = "demo-tab">Posts component</div>`
        })
        app.component('tab-archive', {
          template: `<div class = "demo-tab">Archive component</div>`
        })

        app.mount('#dynamic-component-demo')
      </script>
    </body>

</html>
```

其实 v-is 指令和 v-bind：is 的效果是一样的，只不过 v-bind：is 目前只能用在 component 元素上。上方的例子其实可以改为：

```
<component :is = "currentTabComponent" class = "tab"></component>
```

：is 是 v-bind：is 的简写，此处改动后，效果和上方代码运行的效果一致。

13.5 小结

学完本章，你会了解到以下知识点：

（1）如何在 Html 中进行 Vue 的开发；

（2）组合式 API（composition api）的使用；

（3）Vue 的一些基本概念，如生命周期、计算属性和侦听器等；

（4）Vue 的指令。

实战：博客站点

14.1 项目介绍

我们会在本章完成一个前端博客站点的开发，章节篇幅较长，但是会将前面学到的前端知识点全部融入进来，也会讲到 Vue 常用的知识点并应用在项目中，如图 14-1 所示。

● 图 14-1 站点预览

14.2 创建 bbs-Vue 工程

本节使用 Vue CLI 创建了一个项目，除了介绍创建过程外，还对项目整体文件进行了简要说明。

▶▶ 14.2.1 创建项目

（1）使用 CMD 进入指定的文件夹后，输入 vue create bbs-vue。

（2）然后选择手动配置选项，如图 14-2 所示。

```
Vue CLI v4.5.13
? Please pick a preset:
  bbs ([Vue 3] less, babel, router, vuex)
  Default ([Vue 2] babel, eslint)
  Default (Vue 3) ([Vue 3] babel, eslint)
> Manually select features
```

● 图 14-2　选择定义配置

（3）根据图 14-3 和图 14-4 所示，选择配置。

Babel：它是一个 JavaScript 转译器，将最新版的 JavaScript 语法（es6、es7）转换为现阶段浏览器可以兼容的 JavaScript 代码。

TypeScript：作用有些类似于 Babel，拥有类型检查能力和面向对象新特征。

PWA：渐进式 Web 应用。

Router：路由，设置 url，使不同的 url 显示不同的页面。

```
Vue CLI v4.5.13
? Please pick a preset: Manually select features
? Check the features needed for your project:
 (*) Choose Vue version
 (*) Babel
 (*) TypeScript
 ( ) Progressive Web App (PWA) Support
 (*) Router
 (*) Vuex
 (*) CSS Pre-processors
>( ) Linter / Formatter
 ( ) Unit Testing
 ( ) E2E Testing
```

● 图 14-3　选择配置

```
Vue CLI v4.5.13
? Please pick a preset: Manually select features
? Check the features needed for your project: Choose Vue version, Babel, TS, Router, Vuex, CSS Pre-processors
? Choose a version of Vue.js that you want to start the project with 3.x
? Use class-style component syntax? No
? Use Babel alongside TypeScript (required for modern mode, auto-detected polyfills, transpiling JSX)? Yes
? Use history mode for router? (Requires proper server setup for index fallback in production) Yes
? Pick a CSS pre-processor (PostCSS, Autoprefixer and CSS Modules are supported by default): Sass/SCSS (with dart-sass)
? Where do you prefer placing config for Babel, ESLint, etc.? In package.json
? Save this as a preset for future projects? No

Vue CLI v4.5.13
🐎 Creating project in E:\sampale\bbs-vue.
🗃  Initializing git repository...
⚙️ Installing CLI plugins. This might take a while...

yarn install v1.22.10
info No lockfile found.
[1/4] Resolving packages...
` postcss@^7.0.0
```

● 图 14-4　选择详细配置

Vuex：作用类似于全局对象，但是并不完全相同。

CSS Pre-processors：CSS 预处理器。

Linter / Formatter：代码规范标准，注意：尽量不选。

Unit Testing：单元测试。

E2E Testing：E2E 测试。

等待一会儿，进入该项目文件夹，执行 yarn run serve，就可以启动了，如图 14-5 所示。

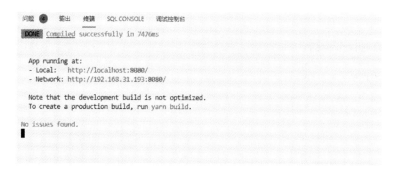

● 图 14-5　启动 Vue

● 图 14-6　初始项目预览

▶▶ 14.2.2　整体项目文件简要说明

```
├──── public                            // 项目公共文件夹
│    └──── favicon.ico                  // 项目配置文件
│    └──── index.html                   // 项目入口文件
├──── src                               // 我们的项目的源码编写文件
│    ├──── assets                       // 基础样式存放目录
│    │    └──── logo.png                // 基础图片文件
│    ├──── components                   // 组件存放目录
│    │    └──── HelloWorld.vue          // helloworld 组件
│    ├──── router                       // router 存放目录
│    │    └──── index.ts                // 路由配置文件
│    ├──── store                        // store 存放目录
│    │    └──── index.ts                // Vuex store 配置文件
│    ├──── views                        // view 存放目录
│    │    ├──── About.vue               //about 页面
│    │    └──── Home.vue                //Home 页面
│    └──── App.vue                      // App 入口文件
│    └──── main.ts                      // 主配置文件
├──── tests                             // 测试文件夹
│    ├──── unit                         // 单元测试
```

```
|   |   ├── .eslintrc                          // 基础图片文件
|   |   └── HelloWorld.spec.js
└── babel.config.js                             // babel 配置文件
└── package.json                                // 项目依赖包配置文件
└── README.md                                   // 说明文档
```

14.3 Vue 项目是如何运转的

我们来分析一下整体工作流程。

▶▶ 14.3.1 SPA 的挂载页面 Index. html

首先需要了解一个知识点，单页面应用程序（SPA）是如何读取数据，以及 URL 是如何组成的，比如下面的 URL。

```
https://www.cnblogs.com/laozhang-is-phi/p/9629026.html? test =2#index
```

这个 URL 包含了多个部分：

```
https:              //(1)页面请求的协议。
www.cnblogs.com     //(2)为页面所属的域名。
p/9629026.html      //(3)是匹配到某一篇文章的 id。
? test =2           //(4)页面通过 url 传递 get 请求的参数。
#index              //(5)为页面的锚点区域。
```

由此可见，SPA 单页面应用程序的前 4 个之所以都是一样的，是因为只有一个单页面提供入口，所以只能通过第 5 个属性，也就是通过锚点来实现路由的切换，根据 url 的不同路由配置，从而达到页面不刷新的效果，如图 14-7 所示。

● 图 14-7 站点预览

这个时候你应该能明白 SPA 是如何运行的了，那么是谁承担着工作呢，就是 index. html 页面，整个项目都是在这个文件的基础上进行变化的，可以说是一个模板（因为只有这一个页面）。

```
<! DOCTYPE html>
<html lang = "">
  <head>
    <meta charset = "utf-8">
    <meta http-equiv = "X-UA-Compatible" content = "IE = edge">
    <meta name = "viewport" content = "width = device-width,initial-scale = 1.0">
    <link rel = "icon" href = "<% = BASE_URL %>favicon.ico">
    <title><% = htmlWebpackPlugin.options.title %></title>
  </head>
  <body>
    <noscript>
      <strong>We're sorry but <% = htmlWebpackPlugin.options.title % > doesn't work
properly without JavaScript enabled. Please enable it to continue.</strong>
    </noscript>
    <div id = "app"></div>
    <! -- built files will be auto injected -->
  </body>
</html>
```

▶▶ 14. 3. 2　页面根容器组件 App. vue

所谓根组件，就是如果想要实现内容的切换，就需要用到根组件。在之前每一个页面都是经过渲染之后展示到浏览器上，但是 SPA 不是这样，因为只有一个页面，所以就必须有一个空的容器，用来显示不同的组件内容。

```
<template>
  <div id = "nav">
    <router-link to = "/">Home</router-link> |
    <router-link to = "/about">About</router-link>
  </div>
  <router-view/> //这里就是路由子组件容器
</template>
```

这时你应该有点儿感觉了，在入口页面设置一个容器，然后根据不同的 URL 路径，去配置路由显示这些东西。那么如何控制呢？请往下看。

▶▶ 14. 3. 3　创建入口文件

main. ts——程序入口文件，用于初始化 Vue 实例，并加载所有需要用到的插件。

在上面的配置中，可以看出整个 router 文件都是对路由规则的配置。页面与 URL 路径的映射关系有两种方式：

```
import {createApp } from 'vue' //导入 vue
import App from './App.vue' //导入 app.vue 主组件
import router from './router' //导入路由
import store from './store'

// 将上边的全局变量赋给 vue 实例化,并挂载到 #app 上
createApp(App).use(store).use(router).mount('#app')
```

main. ts 就像是一个管理者，通过实例化 Vue 把组件和入口页面联系起来。

▶▶ 14. 3. 4　创建路由文件

router 用于配置 URL 路径和页面的关系。

```
import {createRouter, createWebHistory, RouteRecordRaw } from 'vue-router' // 引用路由
import Home from '../views/Home.vue'// 导入方法 1 Home 页面

const routes: Array<RouteRecordRaw> = [
  {
    path:'/',
    name:'Home',
    component: Home
  },
  {
    path:'/about',// 路径
    name:'About',// 名字
    // route level code-splitting
    // this generates a separate chunk (about.[hash].js) for this route
    // which is lazy-loaded when the route is visited.
    component: () => import(/* webpackChunkName: "about" * /'../views/About.vue') // 导
入方法 2 导入 About 页面
  }
]

const router = createRouter({
  history: createWebHistory(process.env.BASE_URL),
  routes
})

export default router
```

在上边的配置中可以看到，router 文件配置路由规则，将页面与 URL 路径进行映射。有以下
两种方式：

（1）通过 import 导入文件的形式，定义变量使用。就是 Home 页面的使用方法；

（2）直接在 routes 中配置要导入的文件。就是 About 页面的使用方法。

两者没有太大的差别，笔者建议使用第一种方式。

▶▶ 14. 3. 5　多级路由

```
{
  path:'/tourcard',
  icon:'android-settings',
  name:'tourcard',
  title:'父路由',
  component: Main,
  children:[{
```

```
                path:'tourcard-card',
                title:'子路由1',
                name:'tourcard-card',
                component: () =>
                    import ('@/views/tourcard/tourcard-card/tourcard-main.vue'),
                children:[{
                    path:'tourcard-main',
                    title:'孙路由1',
                    name:'tourcard-main',
                    component: () =>
                        import ('@/views/tourcard/tourcard-card/tourcard-card/tourcard-card.vue'),
                }, {
                    path:'tourcard-detail',
                    title:'孙路由2',
                    name:'tourcard-detail',
                    component: () =>
                       import ('@/views/tourcard/tourcard-card/tourcard-detail/tourcard-detail.vue')
                }]
            }, {
                path:'tourcard-saleOrder',
                title:'子路由2',
                name:'tourcard-saleOrder',
                component: () =>
                    import ('@/views/tourcard/tourcard-saleOrder/tourcard-saleOrder.vue')
            }]
        },
```

▶▶ 14.3.6　深入说明 Vue Router 工作原理

路由其实就是指向的意思，当单击页面上的"home"按钮时，页面中就显示 home 的内容，如果单击页面上的"about"按钮，页面中就显示 about 的内容。所以在页面上有两个部分，一个是点击部分，一个是点击之后显示内容的部分，这两部分通过配置形成映射。那么点击之后，Vue 是如何做到正确对应的，比如单击"home"按钮，页面中如何能显示出 home 的内容。这就需要在路由文件中配置路由。

因为页面中的所有内容都是组件化的，我们只要把路径和组件对应起来，最后在页面中把组件渲染出来即可。

1. 页面实现（html 模板中）

在页面的 router-link 标签上，可以看到它有一个 to 属性，该属性对应路由文件中的 path 路径，当 router-link 标签在页面上被点击后，router-view 标签就会根据 route 关系渲染对应的组件。

2. 在路由文件中配置路由

首先要定义 route。它是一个对象，由两个部分组成：path 和 component。path 对应路径，component 对应组件。如{path:'/home', component：home}

这里有两条路由，组成一个 routes：

```
const routes = [
  { path:'/home', component: Home },
  { path:'/about', component: About }
]
```

最后创建 router 对路由进行管理，它是由构造函数 new vueRouter( ) 创建的，接收一个 routes 参数。

```
const router = newcreateRouter({
    routes // routes: routes 的简写
})
```

配置完成后，把 router 实例注入 Vue 根实例中，就可以使用路由了。

```
.use(router)
```

执行过程：当用户点击 router-link 标签时，会去寻找它的 to 属性，它的 to 属性和路由文件中配置的路径 ｜ path：'/home'，component：Home｜ path 逐一对应，从而找到了匹配的组件，最后把组件渲染到 router-view 标签所在的地方。这些过程是基于 HTML 5 History 实现的。

14.4 Vue 的调试

在开始开发前，先了解一下 Vue 的调试方式。

1. Vue Devtools

使用 chrome 浏览器可以安装 Chrome 版本的 Vue. js devtools，下载地址：https：//chrome. google. com/webstore/detail/vuejs-devtools/nhdogjmejiglipccpnnnanhbledajbpd。在 Chrome 中安装好后，按 F12 键打开浏览器控制台工具，看到下方有一个 Vue 的标签，在这里可以对 Vue 的元素进行调试。Devtools 能够实时编辑数据 property 并能立即看到其反映出来的变化，也可检测出 Vuex 中的数据变化等。

2. debugger 语句

原生的 debugger 语句也可以直接用于调试。使用方法是在代码中写上 debugger，然后打开浏览器开发者工具（Chrome DevTools），当代码运行到这一段后，就会命中断点，然后就可以进行调试了。

代码示例：

```
<script>
  const {createApp, ref } = Vue;
  createApp({
    setup() {
      const message = ref("Hello World!");
      debugger
      return { message };
    }
  }).mount('#app');
</script>
```

debugger 调试完成后，一定要记得删除。

3. alert 提醒框

alert( )能弹出一个提醒框，这也是原生的写法，因为 alert( )能弹出值并且能阻止代码继续向下执行，所以用它来调试也是很好的。配合 console. log( )使用效果更好。

14.5 实现博客首页

本节我们来完成博客的 Home 首页，样式就不写在这里了，需要的朋友可以去本书提供的GitHub 仓库获取。

14. 5. 1 axios 获取数据

axios 是一个基于 Promise，用于浏览器和 nodejs 的 HTTP 客户端，它具有以下特征：

从浏览器中创建 XMLHttpRequest。

从 node. js 发出 http 请求。

支持 Promise API。

拦截请求和响应。

转换请求和响应数据。

取消请求。

自动转换 JSON 数据。

客户端支持防止 CSRF/XSRF 攻击。

可以通过 yarn add axios 直接安装。

官网中有特别详细的讲解，很像我们平时用的 ajax，只要使用一遍就可以掌握。

14. 5. 2 安装 axios

进入当前文件夹，执行 yarn add axios --save，如图 14-8 所示。

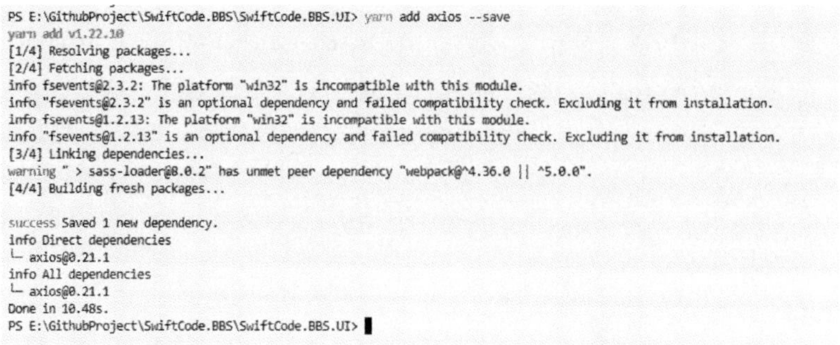

```
PS E:\GithubProject\SwiftCode.BBS\SwiftCode.BBS.UI> yarn add axios --save
yarn add v1.22.10
[1/4] Resolving packages...
[2/4] Fetching packages...
info fsevents@2.3.2: The platform "win32" is incompatible with this module.
info "fsevents@2.3.2" is an optional dependency and failed compatibility check. Excluding it from installation.
info fsevents@1.2.13: The platform "win32" is incompatible with this module.
info "fsevents@1.2.13" is an optional dependency and failed compatibility check. Excluding it from installation.
[3/4] Linking dependencies...
warning " > sass-loader@8.0.2" has unmet peer dependency "webpack@^4.36.0 || ^5.0.0".
[4/4] Building fresh packages...

success Saved 1 new dependency.
info Direct dependencies
└─ axios@0.21.1
info All dependencies
└─ axios@0.21.1
Done in 10.48s.
PS E:\GithubProject\SwiftCode.BBS\SwiftCode.BBS.UI>
```

● 图 14-8 安装 axios

14. 5. 3 配置 axios

在 src 目录下新建 api 文件夹，然后添加一个 http. ts 文件，并写入下面的代码。

```
import axios from "axios";
const service = axios.create({
  baseURL: "http://localhost:5000/api",
  timeout: 5000,
});

export default service;
```

14.5.4　修改 Home 页面的代码

```html
<template>
  <div class="home">
    <div
      class="columns-item columns-item-img"
      v-for="item in articleList"
      :key="item.id"
    >
      <div class="columns-config">
        <h3 class="columns-config-title">
          <a style="display: block; word-break: break-all">{{ item.title }}</a>
        </h3>

        <p class="columns-config-desc">
          <a style="display: block; word-break: break-all">{{
            item.content
          }}</a>
        </p>

        <div class="columns-config-footer">
          <span style="margin-right: 26px">{{ item.userName }}</span>
          <span class="columns-auth-time" title="2021-04-08 17:24:07">
            {{ item.createTime }}
          </span>
        </div>
      </div>

      <a class="columns-img" style="position: relative; overflow: hidden">
        <img
          src="../assets/201fdsfs9.jpg"
          style="
            position: absolute;
            top: 50%;
            left: 0px;
            width: 100%;
            transform: translateY(-50%);
          "
        />
      </a>
    </div>
  </div>
```

```
</template>

<script lang = "ts">
import { defineComponent, onMounted, ref, reactive } from "vue";
import request from "@/api/http";
export default defineComponent({
  name: "Home",
  setup() {
    let articleList = ref([]);

    function getArticle() {
      request({
        url: "/Home/GetArticle",
      }).then((res: any) => {
        articleList.value = res.data.response;
      });
    }

    getArticle();

    return {
      articleList,
    };
  },
});
</script>
```

查看结果如图 14-9 所示。

当然这个样式和使用方式还是比较丑陋的，可以引用组件库来稍微改造一下。

在控制台输入 yarn add ant-design-vue@ next -save，安装 Vue-Ant-Design Ui。

安装完成后，修改 main. ts，引入组件。

● 图 14-9　站点预览

```
import { createApp } from 'vue'
import App from './App.vue'
import router from './router'
```

```
import store from './store'
import Antd from 'ant-design-vue';
import 'ant-design-vue/dist/antd.css';
var app = createApp(App);
app.use(Antd);
app.use(store).use(router).mount('#app')
```

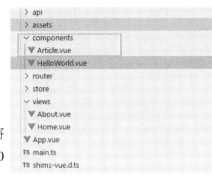

在 components 文件夹下新建 Article. vue 组件，将 Home 页面中的内容封装成组件进行使用，如图 14-10 所示。

● 图 14-10　新建 Article. vue 组件

父子组件的传值通过定义 props 来实现，可以设置数据类型和默认值。

```
<template>
  <div class = "columns-item columns-item-img">
    <div class = "columns-config">
      <h3 class = "columns-config-title">
        <a style = "display: block; word-break: break-all"> {{ title }}</a>
      </h3>

      <p class = "columns-config-desc">
        <a style = "display: block; word-break: break-all"> {{ content }}</a>
      </p>

      <div class = "columns-config-footer">
        <span style = "margin-right: 26px"> {{ userName }}</span>
        <span class = "columns-auth-time" title = "2021-04-08 17:24:07">
          {{ createTime }}
        </span>
      </div>
    </div>

    <a class = "columns-img" style = "position: relative; overflow: hidden">
      <img
        src = "../assets/201fdsfs9.jpg"
        style = "
          position: absolute;
          top: 50% ;
          left: 0px;
          width: 100% ;
          transform: translateY(-50% );
        "
      />
    </a>
  </div>
</template>

<script lang = "ts">
```

```
import { defineComponent, toRefs } from "vue";

export default defineComponent({
  name: "Article",
  props: {
    content: {
      type: String,
      default: "",
    },
    title: {
      type: String,
      default: "",
    },
    cover: {
      type: String,
      default: "",
    },
    userName: {
      type: String,
      default: "",
    },
    createTime: {
      type: String,
      default: ",
    },
  },
  setup(props: any) {
    toRefs(props);
  },
});
</script>
```

改造后的 Home. vue 代码如下，如图 14-11 所示。

• 图 14-11　改造后的样式效果

```
<template>
  <div class = "home">
    <a-row :gutter = "20" style = "margin-top: 24px">
      <a-col :offset = "2" :span = "12">
        <a-card title = "优选文章">
          <template #extra>文章首页></template>

          <b-article
            v-for = "item in articleList"
            :key = "item.id"
            :content = "item.content"
            :createTime = "item.createTime"
            :userName = "item.userName"
            :cover = "item.cover"
            :title = "item.title"
            @click = "gotoArticleDetails(item.id)"
          ></b-article>
        </a-card>
      </a-col>
      <a-col :span = "6"> </a-col>
    </a-row>
  </div>
</template>

<script lang = "ts">
import { defineComponent, onMounted, ref, reactive } from "vue";
import Article from "@/components/Article.vue";
import request from "@/api/http";
export default defineComponent({
  name: "Home",
  components: {
    "b-article": Article,
  },
  setup() {
    let articleList = ref([]);

    function getArticle() {
      request({
        url: "/Home/GetArticle",
      }).then((res: any) => {
        articleList.value = res.data.response;
      });
    }

    getArticle();

    return {
      articleList,
    };
  },
});
```

```
</script>

<style scoped lang = "scss">

</style>
```

▶▶ 14.5.5　补充完善 Home 页面

我们的 Home 页面不光有文章列表，还有作者、问答以及广告展位，下面来完善一下。在 components 文件夹下新建 Author. vue 组件，完成如下代码。

```
<template>
  <div class = "x-link-a auth-item" style = "padding: 20px 0">
    <div class = "auth-avatar">
      <img src = "../assets/608144857.jpg" />
    </div>
    <div class = "auth-info">
      <h3 class = "auth-info-name"> {{ userName }}</h3>
      <div class = "auth-info-statics">
        <span> {{ articlesCount }}篇文章</span>
        <a-divider type = "vertical" />
        <span> {{ questionsCount }}个问答</span>
      </div>
    </div>
  </div>
</template>


<script lang = "ts">
import { defineComponent, toRefs } from "vue";

export default defineComponent({
  name: "Author",
  props: {
    userName: {
      type: String,
      default: "",
    },
    articlesCount: {
      type: Number,
      default: 0,
    },
    questionsCount: {
      type: Number,
      default: 0,
    },
    headPortrait: {
      type: String,
      default: "",
    },
```

```
    },
    setup(props: any) {
    toRefs(props);
    },
  });
</script>
```

在 components 文件夹下新建 Question. vue 组件，完成如下代码。

```
<template>
  <div class = "question-item">
    <div class = "question-answer">
      <div class = "question-answer-num"> {{ comments }}</div>
      <div class = "question-answer-title">回答</div>
    </div>
    <div class = "question-config">
      <h3 class = "question-config-title"> {{ title }}</h3 >
      <a-tag color = "pink" v-for = "tagName in tagList" :key = "tagName"> {{
        tagName
      }}</a-tag >
    </div>
  </div>
</template>

<script lang = "ts">
import { defineComponent, toRefs } from "vue";

export default defineComponent({
  name: "Question",
  props: {
    comments: {
      type: Number,
      default: 0,
    },
    title: {
      type: String,
      default: "",
    },
    tag: {
      type: String,
      default: "",
    },
  },
  setup(props: any) {
    let { tag } = toRefs(props);
    let tagList = tag.value.split(",");
    return { tagList };
  },
});
</script>
```

完善 Home. vue 页面。

```
<template>
  <div class = "home">
    <div class = "app-content">
```

```
<main class = "home-container">
  <a-row :gutter = "20" style = "margin-top: 24px">
    <a-col :offset = "2" :span = "12">
      <div class = "home-swiper-wrapper swiper-slide">
        <img
          src = "../assets/6fd7f53b8f9b4f6caff05dfb981707a7.jpg"
          style = "height: 340px; width: 100% "
        />
      </div>
    </a-col>
    <a-col :span = "6">
      <a-card style = "padding: 24px; text-align: center">
        <img src = "../assets/052bf99.svg" alt = "默认图" />

        <div style = "font-size: 20px; text-align: center">
          <span>加入</span>
          <span
            style = "color: #18ad91; font-size: xx-large; font-weight: 500"
            >社区</span
          >
        </div>

        <div style = "margin-top: 10px">
          与百万开发者一起探讨技术、实践创新
        </div>

        <a-row
          style = "margin: 5px auto 0"
          :gutter = "20"
          type = "flex"
          justify = "space-around"
          align = "middle"
        >
          <a-col :span = "12">
            <a style = "float: right">
              <a-radio-button
                style = "
                background-color: rgb(24, 173, 145);
                  border-color: rgb(24, 173, 145);
                  color: aliceblue;
                "
                >登录</a-radio-button
              >
            </a>
          </a-col>
          <a-col :span = "12">
            <a style = "float: left">
              <a-radio-button>注册</a-radio-button>
            </a>
          </a-col>
        </a-row>
```

```
        </a-card>
    </a-col>
  </a-row>

  <a-row :gutter = "20" style = "margin-top: 24px">
    <a-col :offset = "2" :span = "12">
      <a-card title = "技术问答">
        <template #extra
          >问答首页></template
        >

        <b-question
          v-for = "item in questionList"
          :key = "item.id"
          :comments = "item.comments"
          :tag = "item.tag"
          :title = "item.title"
        ></b-question>
      </a-card>
    </a-col>
    <a-col :span = "6">
      <a-card class = "box-card" style = "text-align: center">
        <a-row :gutter = "20">
          <a-col :span = "12"
            ><div class = "grid-content bg-purple">
              <img src = "../assets/2ff4e61.svg" alt = "发表文章 icon" />
                <div class = "action-text">发表文章</div>
            </div></a-col
          >
          <a-col :span = "12"
            ><div class = "grid-content bg-purple">
              <img src = "../assets/2f55400.svg" alt = "提出问题 icon" />
              <div class = "action-text">提出问题</div>
            </div></a-col
          >
        </a-row>
      </a-card>

      <a-card title = "热门标签" style = "margin-top: 24px">
        <template #extra><a href = "#">更多></a></template>

        <a-tag class = "tags-item" color = "pink">标签一</a-tag>
        <a-tag class = "tags-item" color = "red">标签二</a-tag>
      </a-card>
    </a-col>
  </a-row>
```

```
        <a-row :gutter = "20" style = "margin-top: 24px">
          <a-col :offset = "2" :span = "12">
            <a-card title = "优选文章">
              <template #extra
                ><a
                  > 文章首页 ></a
                ></template
              >

              <b-article
                v-for = "item in articleList"
                :key = "item.id"
                :content = "item.content"
                :createTime = "item.createTime"
                :userName = "item.userName"
                :cover = "item.cover"
                :title = "item.title"
              ></b-article >

            </a-card >
          </a-col >
          <a-col :span = "6">
            <a-card title = "推荐作者">
              <b-author
                v-for = "item in userInfoList"
                :key = "item.id"
                :userName = "item.userName"
                :articlesCount = "item.articlesCount"
                :questionsCount = "item.questionsCount"
                :headPortrait = "item.headPortrait"
              ></b-author >
            </a-card >
          </a-col >
        </a-row >
      </main >
    </div >
  </div >
</template >

<script lang = "ts">
import { defineComponent, onMounted, ref, reactive } from "vue";
import Article from "@/components/Article.vue"; // @is an alias to /src
import Author from "@/components/Author.vue"; // @is an alias to /src
import Question from "@/components/Question.vue"; // @is an alias to /src
import request from "@/api/http";
import router from "@/router";
export default defineComponent({{
```

```
    name: "Home",
    components: {
      "b-article": Article,
      "b-author": Author,
      "b-question": Question,
    },
    setup() {
      let articleList = ref([]);
      let questionList = ref([]);
      let userInfoList = ref([]);

      function getArticle() {
        request({
          url: "/Home/GetArticle",
        }).then((res: any) => {
          articleList.value = res.data.response;
        });
      }

      function getQuestion() {
        request({
          url: "/Home/GetQuestion",
        }).then((res: any) => {
          questionList.value = res.data.response;
        });
      }

      function getUserInfo() {
        request({
          url: "/Home/GetUserInfo",
        }).then((res: any) => {
          userInfoList.value = res.data.response;
        });
      }
      getArticle();
    getQuestion();
      getUserInfo();

      return {
        articleList,
        questionList,
        userInfoList
      };
    },
  });
</script>
```

完成后的页面如图 14-12 所示。

这里找到 App.vue 中#app 的样式，将居中样式去掉。

● 图 14-12   站点预览

▶▶ 14.5.6   完善 App 页面

将导航页面的布局和样式也同步修改一下。

```
<template>
 <header>
  <div class = "header-wrapper header-wrapper-default">
   <div class = "header-container">
    <h1 class = "header-community-logo">
     <router-link to = "/">
      <span style = "color: #18ad91">社区 Logo</span>
     </router-link>
    </h1>

    <nav class = "header-menu">
     <router-link to = "/ArticleList"
      ><a class = "x-link-a">问答</a>
     </router-link>
     <a class = "x-link-a">文章</a>
    </nav>
```

```
      <div class = "header-user">
        <div class = "header-user-login">
          <router-link to = "/Login">
            <span class = "user-login-btn"> 登录</span></router-link
          >

          <i class = "user-login-btn-line"></i>
          <router-link to = "/Register">
            <span class = "user-login-btn">注册</span></router-link
          >
        </div>
      </div>

      <div class = "header-entry">
        <router-link to = "/ArticleCreate">
          <a-radio-button value = "small" style = "margin-right: 20px"
            >写文章</a-radio-button
          ></router-link
        >
        <a-radio-button value = "small">提问</a-radio-button>
      </div>

      <div class = "header-search">
        <a-input-search placeholder = "请输入内容" style = "width: 200px" />
      </div>
    </div>
  </div>
  </header>

  <router-view />
</template>
```

14.6 实现登录页

本节来实现博客的登录页和功能，其中会用到 Vuex 和 axios 拦截器。

▶▶ 14.6.1 登录功能

新建 Login. vue，完成如下代码。

```
<template>
  <div class = "Login">
    <div style = "margin: auto; margin-top: 12% ">
      <h1 style = "text-align: center">
        <span style = "color: rgb(24, 173, 145)"> 社区 Logo</span>
      </h1>
```

```html
      </div>

      <a-card title = "登录" style = "width: 431px; margin: auto">
        <template #extra><a href = "#">注册账号 ></a></template>

        <a-form
          name = "custom-validation"
          ref = "formRef"
          :model = "formState"
          :rules = "rules"
          v-bind = "layout"
          @finish = "handleFinish"
        >
          <a-form-item label = "账号" name = "name">
            <a-input v-model:value = "formState.name" />
          </a-form-item>

        <a-form-item has-feedback label = "密码" name = "pass">
            <a-input
              v-model:value = "formState.pass"
              type = "password"
              autocomplete = "off"
            />
          </a-form-item>

          <a-form-item :wrapper-col = "{ span: 14, offset: 4 }">
            <a-button type = "primary" html-type = "submit">登录</a-button>
          </a-form-item>
        </a-form>
      </a-card>
    </div>
</template>

<script lang = "ts">
import { Modal, message } from "ant-design-vue";
import router from "@/router";
import store from "@/store";
import { defineComponent, reactive, ref } from "vue";
import request from "@/api/http";
export default defineComponent({
  name: "Login",
  components: {},
  setup() {
    const formRef = ref();
    const formState = reactive({
      name: "",
      pass: "",
    });

    let checkName = async (rule: any, value: number) => {
      if (! value) {
```

```
      return Promise.reject("账号不能为空");
    }
};

let checkPass = async (rule: any, value: string) => {
  if (value === "") {
    return Promise.reject("请输入密码");
  } else {
    return Promise.resolve();
  }
};

const rules = {
  name: [
    {
      required: true,
      validator: checkName,
      trigger: "change",
    },
  ],
  pass: [
    {
      required: true,
      validator: checkPass,
      trigger: "change",
    },
  ],
};
const layout = {
  labelCol: {
    span: 4,
  },
  wrapperCol: {
    span: 14,
  },
};

const handleFinish = (values: any) => {
  request({
    url: "/Auth/Login",
    params: {
      loginName: values.name,
      loginPassWord: values.pass,
    },
  }).then((res: any) => {
    if (! res.data.success) {
      Modal.error({
        title: "提示",
        content: res.data.msg,
      });
    } else {
```

```
            store.commit("saveToken", res.data.response); //保存 Token
            getMyUserInfo();
          }
        });
      };

      function getMyUserInfo() {
        request({
          url: "/UserInfo/Get",
        }).then((res: any) => {
          store.commit("saveUserInfo", JSON.stringify(res.data.response)); //保存 Token
          message.success("登录成功");
          // 路由跳转至首页
          router.replace("/");
        });
      }

      return {
        formState,
        formRef,
        rules,
        layout,
        handleFinish,
      };
    },
  });
</script>
```

在登录成功后，调用 Vuex 存储 Token 和当前登录的用户信息。

```
import {createStore } from "vuex";

export default createStore({
  state: {
    Token: null,
    userInfo: null,
  },
  mutations: {
    saveToken(state, data) {
      if (
        data == null ||
        data == "" ||
        data == undefined ||
        data == "null" ||
        data == "undefined"
      ) {
        data = null;
      }
      state.Token = data;
      window.localStorage.setItem("Token", data);
    },
```

```
    saveUserInfo(state, data) {
      if (
        data == null ||
        data == "" ||
        data == undefined ||
        data == "null" ||
        data == "undefined"
      ) {
        data = null;
      }
      state.userInfo = data;
      window.localStorage.setItem("UserInfo", data);
    },
  },
  actions: {},
  modules: {},
});
在 roter 加上登录
  {
    path: "/Login",
    name: "Login",
    component: Login,
  },
```

记得在 App. vue 和 Home. vue 的"登录"按钮上加入<router-link to = "/Login"></router-link >的跳转。

启动项目，在登录页输入账号、密码并单击"登录"按钮，会发现接口返回：401 无权限访问，因为只是将 Token 存储了起来，并没有将其添加到请求 Header 中，更没有进行验证，如图 14-13 所示。

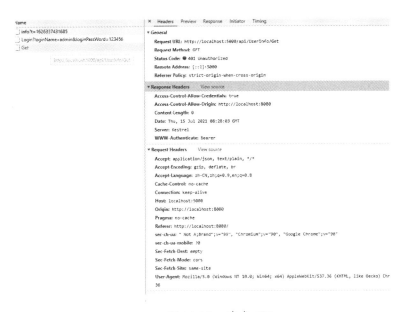

● 图 14-13　请求 401

修改封装的 http. ts，让其自动在请求中把 Token 添加到 Header 中，重启请求查看效果，如图 14-14 所示。

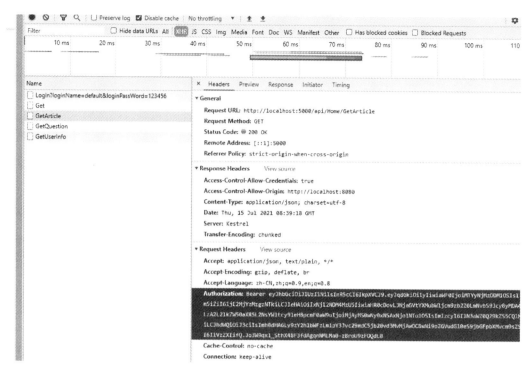

● 图 14-14　测 试 效 果

```
importaxios from "axios";
import store from "@/store";
import router from "@/router";
const service = axios.create({
  baseURL: "http://localhost:5000/api",
  timeout: 5000,
});

//定义请求拦截器
service.interceptors.request.use(
  (config) => {
    if (window.localStorage.Token&&window.localStorage.Token.length>=128) {
      // 判断是否存在 Token,如果存在,则每个 http header 都加上 Token
      config.headers["Authorization"] = "Bearer " + store.state.token;
    }
    return config;
  },
  (error) => {
    Promise.reject(error);
  }
);

//响应拦截器
service.interceptors.response.use(
  (response) => {
```

```
        return response;
    },
    (error) => {
      if (error.response) {
        if (error.response.status == 401) {
          router.replace("/Login");
        }
      }
      return Promise.reject(error);
    }
);

export default service;
```

▶▶ 14.6.2　Vuex 讲解

Vuex 是一个专为 Vue 应用程序开发的状态管理模式。它采用集中式存储管理应用的所有组件状态，并以相应的规则保证状态以可预测的方式发生变化。它就像是一个容器，可以把内容存进去，然后在别的地方取出来。父子组件之间的通信是不是比较麻烦？改变数据还要用 $emit。如果有一个地方存放着 form 的值，需要时得请求 form 的值，需要修改时可以改变 from 的值，Vuex 就是一个管理仓库，有点全局变量的意思。任何组件需要修改、获取，都可以找它帮忙，如图 14-15 所示。

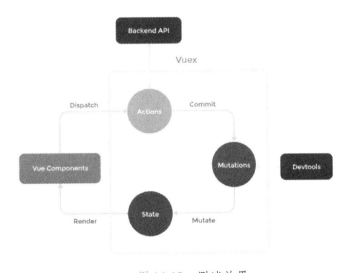

● 图 14-15　测试效果

▶▶ 14.6.3　完善登录功能

虽然登录功能实现了，但是跳转到 Home 会发现还是显示"登录"和"注册"按钮，应该显示个人信息才对。

修改主页 Home. vue 的用户登录信息代码，加入用户信息（userInfo）的判断，根据不同的条件，展示各自情况下的页面效果。userInfo 是从 Vuex 中获取到的，修改后的页面效果如图 14-16 所示。

● 图 14-16　用户个人信息

```
<a-card
  v-if = "userInfo == null"
  style = "padding: 24px; text-align: center"
>
  <img src = "../assets/052bf99.svg" alt = "默认图" />

  <div style = "font-size: 20px; text-align: center">
    <span>加入</span>
    <span
      style = "color: #18ad91; font-size: xx-large; font-weight: 500"
      >社区</span
    >
  </div>

  <div style = "margin-top: 10px">
    与百万开发者一起探讨技术、实践创新
  </div>

  <a-row
    style = "margin: 5px auto 0"
    :gutter = "20"
    type = "flex"
    justify = "space-around"
    align = "middle"
  >
    <a-col :span = "12">
      <router-link to = "/Login" style = "float: right">
        <a-radio-button
          style = "
            background-color: rgb(24, 173, 145);
            border-color: rgb(24, 173, 145);
            color: aliceblue;
          "
```

```
            >登录</a-radio-button
          >
        </router-link>
      </a-col>
      <a-col :span = "12">
        <router-link to = "/Register" style = "float: left">
          <a-radio-button>注册</a-radio-button>
        </router-link>
      </a-col>
    </a-row>
  </a-card>


  <a-card title = "用户信息" v-else>
    <a-row>
      <a-col :span = "6">
        <a-avatar :size = "64">
          <template #icon>
            <img src = "../assets/608144857.jpg"
          /></template>
        </a-avatar>
      </a-col>
      <a-col :span = "18" style = "line-height: 64px"
        ><h2 >{{ userInfo.userName }}</h2 ></a-col
      >
    </a-row>

    <h3 style = "margin-top: 22px">
      个人介绍：{{ userInfo.introduction }}
    </h3>
  </a-card>
```

```
lettempStore = store;
    let userInfo: any = null;

    if (tempStore.state.token) {
      userInfo = JSON.parse(tempStore.state.userInfo!);
    }

    return {
      userInfo,
    };
```

同步修改 App.vue 页面的登录注册

```
<div class = "header-user-login" v-if = "userInfo == null">
          <router-link to = "/Login">
            <span class = "user-login-btn"> 登录 </span></router-link
          >

          <i class = "user-login-btn-line"></i>
          <router-link to = "/Register">
            <span class = "user-login-btn">注册</span></router-link
```

```
            >
          </div>
          <div class = "header-user-login" v-else >
            <a-row style = "padding-left: 32px">
              <a-col :span = "6">
              <a-avatar >
                  <template #icon >
                    <img src = "./assets/608144857.jpg"
                  /></template >
                </a-avatar >
              </a-col >
              <a-col :span = "18" style = "line-height: 64px"
                ><h2 >{{ userInfo.userName }}</h2 ></a-col
              >
            </a-row >
          </div >
  onMounted(() => {
      let tempStore = store;
      if (tempStore.state.Token) {
        userInfo.value = JSON.parse(tempStore.state.userInfo!);
      }
    });

      return {
        userInfo,
      };
```

现在一切正常了，但是按 F5 键刷新网页后，会发现网页显示未登录，这是因为信息都是读取的 Vuex，而刷新网页后，并没有将 localStorage 中的信息重新加载到 Vuex 中，这时可以在 App. vue 中操作，也可以像下面这样进行设置。

通过增加路由守卫，既能获取 localStorage 中的信息，也能验证带有权限的页面。

```
import {createRouter, createWebHistory, RouteRecordRaw } from 'vue-router'
import Home from '../views/Home.vue'
import Login from "../views/Login.vue";
const routes: Array<RouteRecordRaw> = [
  {
    path: '/',
    name: 'Home',
    component: Home
  },
  {
    path: "/Login",
    name: "Login",
    component: Login,
  },
  {
    path: '/about',
    name: 'About',
    // route level code-splitting
```

```
    // this generates a separate chunk (about.[hash].js) for this route
    // which is lazy-loaded when the route is visited.
    component: () => import(/* webpackChunkName: "about" * /'../views/About.vue')
  }
]

const router = createRouter({
  history: createWebHistory(process.env.BASE_URL),
  routes
})

import store from "@/store";
var storeTemp = store;
// 路由守卫
router.beforeEach((to, from, next) => {
  if (! storeTemp.state.token) {
    storeTemp.commit("saveToken", window.localStorage.Token);
    storeTemp.commit("saveUserInfo", window.localStorage.UserInfo);
  }
  if (to.meta.requireAuth) {
    // 判断该路由是否需要登录权限
    if (storeTemp.state.token) {
    // 通过 vuex state 获取当前的 Token 是否存在
      next();
    } else {
      next({
        path: "/login",
      });
    }
  } else {
    next();
  }
});

export default router;
```

14.7 补充其他业务功能

完成这个项目所需要的技术点基本上已经讲完了，剩下的就是将其他业务（比如注册、文章列表和发布文章）等进行完善。

首先展示最终的 router，这里注意看一下 ArticleList 路由，该页面需要授权才能进入，加一个 requireAuth 来配合路由拦截器，让其跳转到登录页面。

```
import {createRouter, createWebHistory, RouteRecordRaw } from "vue-router";
import Home from "../views/Home.vue";
import Login from "../views/Login.vue";
import Register from "../views/Register.vue";
import ArticleList from "../views/ArticleList.vue";
```

```
import ArticleDetails from "../views/ArticleDetails.vue";
import ArticleCreate from "../views/ArticleCreate.vue";
const routes: Array<RouteRecordRaw> = [
  {
    path: "/",
    name: "Home",
    component: Home,
  },
  {
    path: "/Register",
    name: "Register",
    component: Register,
  },
  {
    path: "/ArticleList",
    name: "ArticleList",
    component: ArticleList,
    meta: {
      requireAuth: true, // 添加该字段,表示进入这个路由是需要登录的
    },
  },
  {
    path: "/ArticleDetails/:id",
    name: "ArticleDetails",
    props: true,
    component: ArticleDetails,
    meta: {
      requireAuth: true, // 添加该字段,表示进入这个路由是需要登录的
    },
  },
  {
    path: "/ArticleCreate",
    name: "ArticleCreate",
    component: ArticleCreate,
    meta: {
      requireAuth: true, // 添加该字段,表示进入这个路由是需要登录的
    },
  },
  {
    path: "/Login",
    name: "Login",
    component: Login,
  },
  {
    path: "/about",
    name: "About",
    // route level code-splitting
    // this generates a separate chunk (about.[hash].js) for this route
    // which is lazy-loaded when the route is visited.
    component: () =>
      import(/* webpackChunkName: "about" */ "../views/About.vue"),
```

```
    },
  ];

  const router = createRouter({
    history: createWebHistory(process.env.BASE_URL),
    routes,
  });

  import store from "@/store";
  var storeTemp = store;
  // 路由守卫
  router.beforeEach((to, from, next) => {
    if (! storeTemp.state.Token) {
      storeTemp.commit("saveToken", window.localStorage.Token);
      storeTemp.commit("saveUserInfo", window.localStorage.UserInfo);
    }
    if (to.meta.requireAuth) {
      // 判断该路由是否需要登录权限
      if (storeTemp.state.Token) {
        // 通过 vuex state 获取当前的 Token 是否存在
        next();
      } else {
        next({
          path: "/login",
        });
      }
    } else {
      next();
    }
  });

  export default router;
```

▶▶ 14.7.1　注册页面

注册页面和登录页面类似，只是多了几个 input，效果如图 14-17 所示。

```
  <template>
    <div class="Login">
      <div style="margin: auto; margin-top: 8%">
        <h1 style="text-align: center">
          <span style="color: rgb(24, 173, 145)">社区 Logo</span>
        </h1>
      </div>

      <a-card title="注册" style="width: 431px; margin: auto">
        <template #extra><a href="#">登录</a></template>

        <a-form
          name="custom-validation"
```

```
        ref = "formRef"
        :model = "formState"
        :rules = "rules"
        v-bind = "layout"
        @finish = "handleFinish"
    >
        <a-form-item label = "用户名" name = "userName">
          <a-input v-model:value = "formState.userName" />
        </a-form-item>

        <a-form-item label = "账号" name = "loginName">
          <a-input v-model:value = "formState.loginName" />
        </a-form-item>

        <a-form-item has-feedback label = "密码" name = "loginPassWord">
          <a-input
            v-model:value = "formState.loginPassWord"
            type = "password"
            autocomplete = "off"
          />
        </a-form-item>

        <a-form-item label = "手机号" name = "phone">
          <a-input v-model:value = "formState.phone" />
        </a-form-item>

        <a-form-item label = "邮箱" name = "email">
          <a-input v-model:value = "formState.email" />
        </a-form-item>

        <a-form-item label = "个人介绍" name = "introduction">
          <a-textarea
            v-model:value = "formState.introduction"
            placeholder = "个人介绍"
            :auto-size = "{ minRows: 2, maxRows: 5 }"
          />
        </a-form-item>

        <a-form-item :wrapper-col = "{ span: 14, offset: 4 }">
          <a-button type = "primary" html-type = "submit">注册</a-button>
        </a-form-item>
      </a-form>
    </a-card>
  </div>
</template>

<script lang = "ts">
import { Modal, message } from "ant-design-vue";
import { defineComponent, reactive, ref } from "vue";
import request from "@/api/http";
import router from "@/router";
```

```
import store from "@/store";
export default defineComponent({
  name: "Login",
  components: {},
  setup() {
    const formRef = ref();
    const formState = reactive({
      userName: "",
      loginName: "",
      loginPassWord: "",
      phone: "",
      introduction: "",
      email: "",
      headPortrait: "",
    });

    let checkName = async (rule: any, value: number) => {
      if (!value) {
        return Promise.reject("用户名不能为空");
      }
    };

    let checkLoginName = async (rule: any, value: string) => {
      if (value === "") {
        return Promise.reject("账号不能为空");
      } else {
        return Promise.resolve();
      }
    };

    let checkPass = async (rule: any, value: string) => {
      if (value === "") {
        return Promise.reject("请输入密码");
      } else {
        return Promise.resolve();
      }
    };

    const rules = {
      userName: [
        {
          required: true,
          validator: checkName,
          trigger: "change",
        },
      ],
      loginName: [
        {
          required: true,
          validator: checkLoginName,
          trigger: "change",
```

```
      },
    ],
    loginPassWord: [
      {
        required: true,
        validator: checkPass,
        trigger: "change",
      },
    ],
};
const layout = {
  labelCol: {
    span: 4,
  },
  wrapperCol: {
    span: 14,
  },
};

const handleFinish = (values: any) => {
  request({
    url: "/Auth/Register",
    method: "POST",
    data: {
      userName: values.userName,
      loginName: values.loginName,
      loginPassWord: values.loginPassWord,
      phone: values.phone,
      introduction: values.introduction,
      email: values.email,
      headPortrait: values.headPortrait,
    },
  }).then((res: any) => {
    if (! res.data.success) {
      Modal.error({
        title: "提示",
        content: res.data.msg,
      });
    } else {
      store.commit("saveToken", res.data.response); //保存 Token
      getMyUserInfo();
    }
  });
};


function getMyUserInfo() {
  request({
    url: "/UserInfo/Get",
  }).then((res: any) => {
    store.commit("saveUserInfo", JSON.stringify(res.data.response)); //保存 Token
```

```
        message.success("登录成功");
        router.replace("/");
      });
    }

    return {
      formState,
      formRef,
      rules,
      layout,
      handleFinish,
    };
  },
});
</script>
```

● 图 14-17　注册页面

▶▶ 14.7.2　文章列表页面

这里还是复用了自定义的文章组件，效果如图 14-18 所示。

```
<template>
  <div class = "ArticleList">
    <a-row :gutter = "20" style = "margin-top: 24px">
      <a-col :offset = "2" :span = "12">
        <a-card title = "优选文章">
          <a-list
            class = "demo-loadmore-list"
            :loading = "loading"
            item-layout = "horizontal"
            :data-source = "articleList"
          >
            <template #loadMore>
              <div
```

```
            :style = "{
              textAlign:'center',
              marginTop:'12px',
              height:'32px',
              lineHeight:'32px',
            }"
        >
          <a-spin v-if = "loadingMore" />
          <a-button v-else @click = "loadMore">加载更多</a-button>
        </div>
      </template>

      <template #renderItem = "{ item }">
        <a-list-item>
          <b-article
            :key = "item.id"
            :content = "item.content"
            :createTime = "item.createTime"
            :userName = "item.userName"
            :cover = "item.cover"
            :title = "item.title"
            @click = "gotoDetails(item.id)"
          ></b-article>
        </a-list-item>
      </template>
    </a-list>
  </a-card>
</a-col>
<a-col :span = "6">
  <a-row
    style = "margin: 15px auto 0"
    type = "flex"
    justify = "space-around"
    align = "middle"
  >
    <router-link to = "/ArticleCreate" style = "float: right">
    <a-radio-button
        style = "
          background-color: rgb(24, 173, 145);
          border-color: rgb(24, 173, 145);
          color: aliceblue;
        "
      >发布文章</a-radio-button
    >
    </router-link>
  </a-row>

  <a-card title = "推荐作者" style = "margin-top: 30px">
    <b-author
      v-for = "item in userInfoList"
      :key = "item.id"
```

```
            :userName = "item.userName"
            :articlesCount = "item.articlesCount"
            :questionsCount = "item.questionsCount"
            :headPortrait = "item.headPortrait"
          ></b-author>
        </a-card>
      </a-col>
    </a-row>
  </div>
</template>

<script lang = "ts">
import { defineComponent, onMounted, ref, reactive } from "vue";
import Article from "@/components/Article.vue"; // @is an alias to /src
import Author from "@/components/Author.vue";
import request from "@/api/http";
import { message } from "ant-design-vue";
import router from "@/router";
export default defineComponent({
  name: "ArticleList",
  components: {
    "b-article": Article,
    "b-author": Author,
  },
  setup(props: any) {
    let articleData: any = [];
    let articleList = ref([]);
    let userInfoList = ref([]);

    let loading = ref(false);
    let loadingMore = ref(false);

    let page = 0;
    let pageSize = 10;

    function getArticle() {
      loading.value = true;
      loadingMore.value = true;
      request({
        url: "/Article/GetList",
        params: {
          page: page * pageSize,
          pageSize: pageSize,
        },
      }).then((res: any) => {
        loading.value = false;
        loadingMore.value = false;
        if (res.data.response.length <= 0) {
          message.success("没有更多了");
          return false;
        }

        articleData = [...articleData, ...res.data.response];
```

```
      articleList.value = articleData;
    });
  }
  function getUserInfo() {
    request({
      url: "/Home/GetUserInfo",
    }).then((res: any) => {
      userInfoList.value = res.data.response;
    });
  }

  getArticle();
  getUserInfo();

  let loadMore = function () {
    page = page + 1;
    getArticle();
  };

  function gotoDetails(id: number) {
    router.push("/ArticleDetails/" + id);
  }

  return {
    articleList,
    userInfoList,
    loading,
    loadingMore,
    loadMore,
    gotoDetails
  };
},
});
</script>
```

● 图 14-18 文章列表

▶▶ 14.7.3　文章详情页

文章详情页效果如图 14-19 所示。

```
<template>
  <div class = "ArticleDetails">
    <a-row :gutter = "20" style = "margin-top: 24px">
      <a-col :offset = "2" :span = "12">
        <a-card v-if = "articleInfo ! = null">
          <h1
            style = "
              margin-bottom: 18px;
              line-height: 1.5;
              margin: 0;
              padding: 0;
              word-break: break-all;
              word-wrap: break-word;
              font-family: PingFangSC-Medium, PingFangSC, helvetica neue,
                hiragino sans gb, arial, microsoft yahei ui, microsoft yahei,
              simsun, sans-serif;
              color: #00223b;
              font-size: 24px;
            "
          >
            {{ articleInfo.title }}
          </h1>

          <div class = "article-info">
            <span> 发布时间：{{ articleInfo.createTime }}</span>

            <span style = "margin-left: 34px">
              阅读量：{{ articleInfo.traffic }}</span
            >

            <span style = "margin-left: 34px"> 分类：{{ articleInfo.tag }}</span>
          </div>

          <div class = "article-body">
            {{ articleInfo.content }}
          </div>
        </a-card>
      </a-col>
      <a-col :span = "6">
        <a-card title = "关于作者" v-if = "authorInfo ! = null">
          <b-author
            :key = "authorInfo.id"
            :userName = "authorInfo.userName"
            :articlesCount = "authorInfo.articlesCount"
```

```
                :questionsCount = "authorInfo.questionsCount"
                :headPortrait = "authorInfo.headPortrait"
            ></b-author>
          </a-card>
        </a-col>
      </a-row>
    </div>
</template>

<script lang = "ts">
import { defineComponent, onMounted, ref, reactive, toRefs } from "vue";
import request from "@/api/http";
import router from "@/router";
import Author from "@/components/Author.vue"; // @is an alias to /src
export default defineComponent({
  name: "ArticleDetails",
  components: {
    "b-author": Author,
  },
  setup() {
    let id = router.currentRoute.value.params.id;
    let articleInfo = ref(null);
    let authorInfo = ref(null);

    function getArticleById() {
      request({
        url: "/Article/Get",
        params: {
          id: id,
        },
      }).then((res: any) => {
        articleInfo.value = res.data.response;
        getAuthor(res.data.response.createUserId);
      });
    }

    function getAuthor(userId: number) {
      request({
        url: "/UserInfo/GetAuthor",
        params: {
          id: userId,
        },
      }).then((res: any) => {
        authorInfo.value = res.data.response;
      });
    }

    getArticleById();

    return { articleInfo, authorInfo };
  },
});
</script>
```

● 图 14-19　文章详情页

14.7.4　发布文章

发布文章效果如图 14-20 所示。

```html
<template>
  <div class = "ArticleCreate">
    <a-row :gutter = "20" style = "margin-top: 24px">
      <a-col :offset = "3" :span = "18">
        <a-form
          name = "custom-validation"
          ref = "formRef"
          :model = "formState"
          :rules = "rules"
          v-bind = "layout"
          @finish = "handleFinish"
        >
          <a-card title = "写文章">
            <template #extra>
              <a-form-item>
                <a-button
                  html-type = "submit"
                  style = "
                    background-color: rgb(24, 173, 145);
                    border-color: rgb(24, 173, 145);
                    color: aliceblue;
                  "
                  >发布文章</a-button
                >
              </a-form-item>
            </template>

            <a-form-item label = "标题" name = "title">
              <a-input v-model:value = "formState.title" />
            </a-form-item>

            <a-form-item has-feedback label = "标签" name = "tag">
              <a-select
                v-model:value = "formState.tag"
                mode = "tags"
                style = "width: 100%"
              >
              </a-select>
```

```html
          </a-form-item>

          <a-form-item has-feedback label = "内容" name = "content">
            <a-textarea v-model:value = "formState.content" :rows = "30" />
          </a-form-item>
        </a-card>
      </a-form> </a-col
    ></a-row>
  </div>
</template>
```

```ts
<script lang = "ts">
import { Modal, message } from "ant-design-vue";
import { defineComponent, onMounted, ref, reactive, toRefs } from "vue";
import request from "@/api/http";
import router from "@/router";
import store from "@/store";
export default defineComponent({
  name: "ArticleCreate",
  setup() {
    const formRef = ref();
    const formState = reactive({
      title: "",
      content: "",
      tag: "",
    });

    let checkName = async (rule: any, value: number) => {
      if (! value) {
        return Promise.reject("账号不能为空");
      }
    };

    let checkPass = async (rule: any, value: string) => {
      if (value === "") {
        return Promise.reject("请输入密码");
      } else {
        return Promise.resolve();
      }
    };

    const rules = {
      name: [
        {
          required: true,
          validator: checkName,
          trigger: "change",
        },
      ],
      pass: [
        {
```

```
          required: true,
          validator: checkPass,
          trigger: "change",
        },
      ],
    };
    const layout = {
      labelCol: {
        span: 4,
      },
      wrapperCol: {
        span: 14,
      },
    };

    const handleFinish = (values: any) => {
      request({
        url: "/Article/Create",
        method: "post",
        data: {
          title: values.title,
          cover: "",
          content: values.content,
          tag: values.tag.toString(),
        },
      }).then((res: any) => {
        if (res.data.success) {
          Modal.success({
            title: "提示",
            content: "文章创建成功",
          });

          router.replace("/");
        } else {
          message.error(res.data.msg);
        }

        console.log("创建文章", res);
      });
    };

    return {
      formState,
      formRef,
      rules,
      layout,
      handleFinish,
    };
  },
});
</script>
```

● 图 14-20 　文章详情页

14.8　小结

本章对博客站点所需的技术点进行了讲解，虽然在效果上有些组件和用法没有按照常规的技术去写，但是所运用的知识点已经完全满足我们的日常开发。学完本章，读者会了解到以下知识点：

（1）Vue 如何搭建项目；

（2）Vue 使用 Ts 如何进行开发；

（3）axios；

（4）Vuex；

（5）如何使用三方组件库；

（6）自定义组件。